中共河北省委党校（河北行政学院）包

赵　宗◎著

新型智慧城市建设研究

吉林人民出版社

图书在版编目(CIP)数据

新型智慧城市建设研究 / 赵宗著 . -- 长春 : 吉林
人民出版社 , 2024.3
　　ISBN 978-7-206-20901-7

　　Ⅰ . ①新… Ⅱ . ①赵… Ⅲ . ①智慧城市 – 城市建设 –
研究 Ⅳ . ① TU984

中国国家版本馆 CIP 数据核字 (2024) 第 098978 号

新型智慧城市建设研究

XINXING ZHIHUI CHENGSHI JIANSHE YANJIU

著　　者：赵　宗
责任编辑：田子佳　　　　　　　　　封面设计：李　君
吉林人民出版社出版 发行（长春市人民大街 7548 号）　邮政编码：130022
印　　刷：河北万卷印刷有限公司
开　　本：880mm×1230mm　　　　1/32
印　　张：5.5　　　　　　　　字　　数：100 千字
标准书号：ISBN 978-7-206-20901-7
版　　次：2024 年 3 月第 1 版　　印　　次：2024 年 3 月第 1 次印刷
定　　价：58.00 元

前　言

随着信息技术的飞速发展，城市面临着前所未有的机遇和挑战，如何将先进的信息技术与城市的建设、运营和管理相结合，以达到提高城市管理效率、促进经济社会发展和提高居民生活质量的目标，已成为全球各大城市的共同追求。新型智慧城市，作为一个全新的研究领域和实践平台，为此提供了有力的理论支撑和实践路径。智慧城市不是一个简单的技术应用或系统工程，而是涉及城市经济、社会、文化、生态等多方面的综合发展和协同创新。因此，深入研究智慧城市的建设与发展，对于推动我国城市现代化进程具有重要的理论和实践意义。

本书首先对智慧城市进行了全面的概述，对智慧城市的概念进行了界定，探讨了其特征、目的与意义，并对中国特色化的智慧城市进行了深入的剖析，有助于读者建立对智慧城市的基本认识，还可以为后续章节的研究提供理论框架和参考。随后，深入研究了智慧城市建设的架构与模式，以及新型智慧城市建设与运营的理论基础。这些架构模式和基础理论是支撑智慧城市建设与运营的核心，也是推动其持续健康发展的关键。从实际操作的角度，系统探讨了新型智慧城市建设与运营的各个环节，包括保障体系的建立、基础设施的建设、居民服务的建设以及潜在的社会风险分析与对策。最后，本书基于前面的研究，对新型智慧城市的建设与发展提出了建议。这些建议集中反映了大数据、人工智能等前沿技术在智慧城市建设中的应用趋势，并对新型智慧城市的建设路径进行了优化，希望能为实践者提供有益的参考。

本书为读者提供了一个系统而全面的视角，以探索智慧城市的深层次问题，找到最佳的建设与发展路径，最终实现城市的可持续发展和人类的和谐共生。

目　录

第一章　智慧城市概述

第一节　智慧城市的概念与内涵

一、智慧城市的概念

智慧城市作为现代社会的焦点概念，其概念和意义受到了广泛的关注和讨论，深入理解智慧城市对于推动其健康发展至关重要。从字面解析"智慧"这一概念，可以发现其包含"智"与"慧"两大维度。其中，"智"涉及智慧、自适应及自动化，而"慧"则涉及创造性、文化性和感知性，两者合起来形成了智慧城市的核心理念。尽管智慧城市已成为众多研究者和实践者关注的焦点，但对其定义仍然没有达成共识。经过对大量文献资料的梳理，本书将智慧城市的定义大致归纳为三个主要观点。

（一）技术性观点

这一观点主张，智慧城市的形成主要基于先进的信息技术。在《智慧的城市在中国》报告中，IBM（国际商业机器公司）将"智慧城市"定义为能够充分运用信息和通信技术感测、分析和整合城市运行核心系统的各项关键信息，对民生、环保、公共安全、城市服务以及工商活动等的各种需求做出智能响应，为人类创造更美好的城市生活。

当物联网与现代计算机、云计算系统结合时，智慧决策与智能实体的互动便得以实现。技术驱动的智慧城市观点的主要优势在于它明确了信息技术在城市建设中的核心地位，但这一观点的局限性也很明显，即过于强调技术因素，而忽视了技术并非等同于智慧，它只是构成智慧城市的基础部分。如何将这些技术有效地应用于实践，也是一个不容忽视的重要问题。此观点主要得到了众多企业和工程领域专家的支持。

（二）应用论观点

根据实践应用的视角，智慧城市的建设应侧重于在信息技术设施日益完善的前提下，形成更高效、便利和响应迅速的应用机制。这一理念旨在应对各种"城市病"，并促进城市在一个创新且健康的环境中加速发展。此观点得到了广大市民的积极响应，使得居民对智慧城市的认知和感受度得到了提升。但值得注意的是，由于城市是一个错综复杂的体系，所以各个子系统之间的和谐运作也至关重要。支持此观点的大多为城市管理层和决策层。

（三）系统论观点

基于系统论的看法，智慧城市被视为一个宏大的有机体系，它具备自我整合、调节和规范的功能。系统论认为智慧城市指的是充分利用新一代的信息技术，如互联网、云计算、物联网和传感器网络等，进而通过城市的运营管理机制来整合各部分，确保城市部门、机构、政府、企业和居民共同受益，提高整体的发展空间和生活水平。在智慧城市的构建过程中，需对其进行有策略的管理，实现各个系统的融合。

系统论强调全局的设计与规划，坚持明确的目标导向，提供问题解决的方案，并助力城市建设的整体性与连续性。虽然它重视各子系统之间的协同效应，但智慧城市的建设路线尚需进一步明确。

通过分析上述三个观点可以发现，三个观点都围绕一个共同的核心：提升城市运行的效率、改善居民的生活质量以及确保城市的可持续性。综合国内外的研究成果可以认为：智慧城市是在数字城市建设的基石上，采用创新的传统城市发展策略，借助不断完善的信息通信技术和多层次的网络架构，形成了一套互动、智能、自适应的城市应用体系，使城市各功能部门之间实现了流畅的连接和协同作用。智慧城市的完整概念不局限于技术、实际应用或系统网络，而是这三者的完美融合。

但是，对于智慧城市的准确定义，其显著特征和涵盖内容目前仍无定论，仍待更深入地研究与讨论。

二、智慧城市的内涵

智慧城市预示着未来城市的面貌，它强调智能化、便捷性，更追求人与自然、人与物、人与人之间的和谐共生。在这样的城市中，技术与各领域完美结合，服务于居民的日常生活。

（一）生活发展

智慧城市的建设致力于为人们创造更高效和更舒适的生活环境。这种影响可以从以下几个方面理解。

1.自然环境的保护

随着工业化和都市化的加速，自然环境受到严重破坏，寻找经济增长与环境保护之间的平衡成为紧迫的任务。智慧城市便是这种平衡的一种努力，利用物联网和云计算技术对环境数据进行实时监测和分析，实现对环境的动态、精确管理，并提供关于环境保护的科学建议。

2.人造环境的完善

在智慧城市中，农业的转型取得了创新性的突破，智慧农业通过科技手段调节生长环境，使农作物始终处于最佳状态。现代化的住宅也被赋予了更多智能功能，利用各种设备和技术，为人们带来了更加智能、便捷的居住体验。

3.公共安全的强化

城市安全对于居民的生命和财产至关重要，智慧城市有能力预防和应对自然灾害，如地震、洪涝、疾病暴发等，还可以防范人为的危险，如恐怖事件或其他突发状况。强大的公共安全保障体系确保了居民在智慧城市中能够安心生活，无忧地享受城市带来的便利。

4.人文环境的优化

智慧城市提倡技术进步和高效运营，更关心如何塑造一个富有人文情怀的环境，诸如智慧教育和智慧医疗这类公共服务通过采用先进的信息化方法，大大提升了城市的公共服务水平，进一步完善了城市的人文环境。这种环境表现为交通网络的便利性，健康和安全的居住条件，优质的公共服务，如卫生、医疗和教育，以及绿色的生态环境。更值得一提的是，城市设计中的道路、建筑和公园等都以人为中心，凸显出对人的尊重和关心，这有利于居民的日常生活，还对他们的情操起到了熏陶作用。

在信息化日益成为主导的现代社会中，价值的产生已经不再单纯依赖于传统的劳动形式，信息的获取和分享也显得尤为关键。网络作为一个重要的信息传播渠道，对此有着举足轻重的影响，因此智慧城市的建设特别强调了基础网络设施的重要性。高速且连通性强的网络可以让信息快速流通，跨越地理界限，实现从繁华的城市到偏远的农村的无障碍传播，信息的快速传播不只意味着农民能够利用智慧技术来推进农业的发展，提高农产品的销售和增加就业机会，更重要的是它为农民打开了一个新世界的大门，帮助他们逐步改变传统的思维模式和生活方式。新技术和新方法的掌握也助力农民更快地推进农村的经济建设，使城乡发展趋于平衡。最终，智慧城市的发展能促进农村的基础设施建设，特别是在教育、医疗和文化等关键领域得到加强，进而提高农民的生活质量。

（二）信息化发展

城市的管理模式正在经历一场革命，包含从政府管理到居民的日常生活管理，此革命的推动力是不断更新的科技。其中，信息化和智能化成为新时代的标志。为了追求城市的和谐与平衡，以及可持续的发展，信息化和智能化手段的广泛应用成为关键。智慧城市的概念随着信息技术的广泛应用而产生，并已成为当下信息化高速发展的缩影。这个概念强调通过信息和实体基础设施的联合，结合网络和信息技术的优势，达到城市智能化管理的目的，从而为各个领域创造价值，并为人们创造更好的生活环境。对于数字城市、无线城市这些术语，其实都是这一理念的不同展现。简而言之，它代表着城市的信息化和一体化管理，利用前沿的信息技术，实时地感知、传输、处理信息，以此为基础创造出新的价值。

从科技的角度看，科技始终是推动生产力和社会进步的主要力量，智慧城市为人们带来了一次对技术深度体验的机会，使人们更加渴望探索科学的深度。各行各业都在寻找新的技术突破，以满足现代城市生活的需求。例如，定位技术、传感技术和射频识别技术等已经深入人心，它们在实际生活中的应用如下：智能手机的导航软件通过定位技术实时捕捉用户位置；气象站利用传感技术实时捕获并公布各种气象数据，如温度、湿度和雨量，这些数据为公众的日常出行或航班计划提供了有力支持；而射频识别技术在停车场中的应用，可以自动读取车辆牌照，实现自动计费并实时提供空余车位信息。

高端产业的崛起和发展与信息技术的进步息息相关，技术的先进程度直接决定了高端产业的竞争力。而在当前经济发展的背景下，依赖传统劳动密集型产业已不能满足社会需求，产业转型变得不可或缺。转型意味着从传统的产业模式转向更具知识和技术密集的模式，促使产业向更高端的方向前进，这也是确保产业持续、健康发展的必要路径。

智慧城市的兴起与科学技术、高端产业的进步紧密关联，追求可持续性与提供便捷服务是智慧城市的核心目标，这种目标的实现受益于技术和产业的持续创新，而智慧城市的构建又对这些领域提出了更高的标准和挑战。资源共享被视为智慧城市的关键目标，在这方面，云计算和大数据技术起到了关键作用，为数据和资源的共享提供了坚实的技术支持。但随着智慧城市理念的进一步推广，这些技术也面临着不断创新和完善的要求。电子产业的现状是竞争日益加剧，新型电子产品层出不穷，不断为人们带来更多的便捷和智慧体验，创新的热潮既满足了人们对智慧生活的向往，又反过来推动了电子产业的进一步发展和繁荣。建筑领域也正在经历一场变革，大量新型建筑材料应运而生。这些材料既经济实用，又具有美观、节能和环保的特性，完美地呼应了智慧城市中

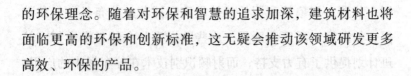

的环保理念。随着对环保和智慧的追求加深，建筑材料也将面临更高的环保和创新标准，这无疑会推动该领域研发更多高效、环保的产品。

（三）经济可持续发展

智慧城市的经济框架和产业结构均应具备智能属性，确保城市的经济增长是高效且生态友好的，其核心是要保证经济体系遵循生态平衡原则，支持生态系统的稳定性，并朝可持续、和谐的绿色发展。在这样的背景下，智慧城市的经济体系不仅影响人们的日常生产行为，还要确保从生产到废弃的整个过程都对环境友善。低能耗和环保是这一经济模式的关键特征。

将经济和生态双重需求连接起来的是科学技术，只有不断地投入研究并创新绿色技术，才能保证整个生产过程都不产生污染。这些绿色技术包括清洁能源技术和生产管理流程的智能化。清洁能源技术旨在最大限度地减少能源消耗，或探索和使用新的能源，而生产管理流程的智能化意味着通过高效的管理体系，最小化生产中的材料浪费，并确保各个部门能够高效合作，从而提高整体工作效率。

低碳经济是智慧经济发展的重要组成部分，这一模式通过研发低碳技术和产业来确保能源使用的最大化效益，从而降低温室气体的排放。可持续发展经济模式则更进一步，其旨在彻底改变高能耗和高浪费的传统经济模式。这种新型的经济模式强调资源的有效使用和循环利用，以"3R"（reduce、 reuse、recycle）为基准，并以资源高效利用为核心。该模式反对任何形式的资源浪费，旨在建立一个可持续发展的经济体系。此经济体系要全方位考虑城市环境承载能力，挖掘和循环使用现有资源，不断提升效率，以确保社会财富的稳定增长。为了做到这一点，它更加偏向于使用如风能、水能和太阳能等可再生能源，追求更高的资源利用效率，目标是建立一个和谐且绿色的城市环境。

（四）绿色发展

整合与共享是智慧城市核心构建的精髓，因此应当策略性地配置和使用各种资源，无论是经济、科技还是信息资源，确保不会因重复建设而造成浪费，从而使效益最大化。随着生产活动的增多，对资源的需求也随之增大，而资源总量恒定的现实，使得资源整合和信息共享变得至关重要。在智慧城市的构建过程中，较为关键的就是确保各部门间的无缝联动，促进信息和资源的跨部门整合和共享，通过打破部门间的数据孤岛，实现数据的统一处理和互动，提高政府的工作效率，彰显智慧政务的理念。更进一步，资源的整合和共享还能促进社会发展中资源配置的变革，引导社会生产关系的重新分配，刺激生产模式的创新，并助力智慧产业的崛起。

智慧环保作为智慧城市发展的关键领域，强调将绿色发展理念融入城市建设的每一个细节，旨在打造生态和谐的城市环境。这涉及利用前沿技术开发和推广各类新型的环保材料，如低污染的油漆和环保木材等。这些材料可以在减少有害物质排放的同时，提升人类居住环境的质量。而智慧交通能够有效地解决城市交通拥堵问题，推动节能和减少碳排放，也能引导市民更多地选择公共交通方式，真正践行绿色、低碳的生活方式。

第二节 智慧城市的特征、目的与意义

一、智慧城市的特征

智慧城市主要有以下几个特征，如图 1-1 所示。

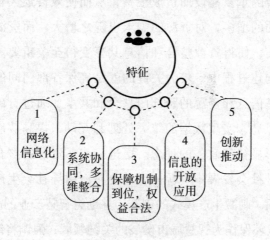

图 1-1 智慧城市的特征

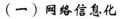

（一）网络信息化

智慧城市的构建，从可持续发展的角度看，是深受网络建设驱动的。全球各地已经明确地将这种信息基础设施建设的重要性提升到了国家战略的高度。网络可以确保智慧城市各个组成部分之间的高效链接，也为智慧城市的整体发展奠定了坚实基础。

1.广域信息感知网络为智慧城市提供骨架

城市蕴含着海量的信息，为了让城市状态更加清晰，智慧城市的核心系统必须具备与城市内各种要素交互的能力。此信息网络应涵盖时间、空间和各种城市要素，能采集各种类型、格式和密度的数据。虽然物联网技术的崛起增强了这种数据采集的能力，但这不意味着要对城市的每个部分都进行细致的数据采集。智慧城市的信息采集体系应根据实际需要进行适度调整，因为过度的数据采集不仅会增加成本，还可能降低整体效率。

2.多元网络的协同连接

智慧城市依赖于各种信息网络，如固定电话网络、互联网、移动通信网络、传感器网络和工业互联网等。在这个场景中，将这些孤立的小型网络连接成一个大型的、互联的网络会大大提高信息交换的效率，增加网络对所有用户的价值，这样，网络的整体价值会大幅度地提升，进而吸引更多的参与者加入，形成一个持续扩张的智慧城市网络，并促使信息增值形成良性循环。

3. 大数据智慧处理

智慧城市拥有庞大且结构化的信息系统，这为其提供了强大的决策能力和控制能力，但要真正达到"智慧"的标准，城市还需要具备处理海量数据的智能处理能力。系统需要根据各种需求对数据进行深入的分析，独立地进行判断和预测，做出智能的决策，此过程中的系统学习能力至关重要。从宏观角度看，智能处理使得信息在经过系统内部的处理和转换后更加具有价值，更具操作性。技术上，云计算等先进的信息技术为这种智能处理提供了坚实的后盾。

（二）系统协同，多维整合

在智慧城市的构建中，系统的协同操作是核心，协同作用涵盖了人与物、物与物以及人与人之间的连接，旨在为市民和用户提供便捷的体验，如统一的访问和使用方式：一卡解决多种需求、一键完成多种操作、一点链接多种资源。传统城市的景象是资源信息和实体资源被多种业务、部门和实体的界限所隔离，而智慧城市的"协同共享"理念旨在跨越这些界限，建立一个一体化的城市资源网络，以避免资源和应用的隔离。

智慧城市的范畴广泛，覆盖城市的每个方面，可以促进企业间的信息共享，整合政府部门，确保不同部门和区域之间无缝连接，构建一个沟通畅通的和谐城市。智慧城市所采用的一套完善的信息流通体系，如信息评估、分类、交换、身份验证和监控，都为信息提供了精确的分类，确保信息既有层次，又能自由流通。这种广泛的信息流与物质流的融合有助于合理分配资源，推动资源配置的刷新和正向循环，并有助于市场参与者主动发掘商业机会和识别挑战。

智慧城市的概念超越了某一特定行业、地区或局部范围的展示，它代表了城市的全方位融合和人类与社会的相互连接。智慧城市确保了多个领域如政治、经济、社会、技术、日常生活、政务和交通等的信息与实体数据相互关联，实现了高度利用和多维整合。这种整合不是简单地应用数字技术，而是在多个维度下推动城市的持续发展。

（三）保障机制到位，权益合法

第一，构建合适的机制至关重要。现阶段的核心挑战是确保数据运营的机制被恰当地管理和执行，当企业、机构和政府开始广泛地利用数据，如购买数据服务和委托数据服务，那么云服务和网络服务公司的技术实力、管理能力以及服务水平必须达到顶尖，确保其服务受众相信企业不会随意出售或泄露数据。为保证所有相关方，包括居民、企业、机构和政府都能信赖并购买相关服务，所有的管理和保障措施都需要落实，避免泄露任何隐私、商业机密或技术秘密。

第二，为确保客户隐私和合法权益的完整性，需要建立一套完备的信息数据安全的追责制度、责任归属机制、企业内部的组织架构以及管理策略。这项任务涉及政府的各种功能，如完善的行政和司法网络，还要确保有专业的执法团队能够迅速应对网络违法行为，完善网络实名制度，确保公民和企业都清楚网络法律规定，并在实践中恪守。此外，社会各界也应参与网络的合法监管，确保制度的完整和体系的完善。

（四）信息的开放应用

智慧城市作为一个充满活力的系统，它内部的各个子系统之间的紧密互动为城市的持续创新和发展提供了动力，确保城市的各种组成部分能够互相协调、优化和相互影响，因此智能处理并不应被视为信息使用的最终阶段。智慧城市应具备开放的信息应用功能，可以通过网络将处理过的信息传输给需要的用户，或直接操作特定的控制终端。这种开放性不应局限于政府或城市管理部门对信息的中心化控制和分发，而是应该构建一个开放的信息应用平台，鼓励个人和企业为此系统贡献力量。如此，公众将能够与智慧城市系统互动，充分利用系统现有功能，进一步丰富城市的信息资源，并催生新的商业模式。

（五）创新推动

在当前这个快速变革的科技时代，传统的经济增长模式已经不再与时俱进，要想使城市发展得更具竞争力，就必须深度依赖知识、技术以及人才。城市的活力源于创新，而智慧城市的进步正是依靠这种创新精神。因此，强调创新在城市建设中的地位显得尤为重要。

智慧城市的创建需要引入多样化的思想和视角。为了构筑一个智慧城市，新的元素和活力不断地注入是关键。政府、企业和公众在信息技术基础上的创新行动将持续为智慧城市的建设带来贡献，这背后的原因在于智慧城市引入了新的服务交付模式。这种模式能够高效处理和深入挖掘大量的数据，进而为用户呈现多层次、多类型和多样式的智能服务。智慧城市的兴起也为众多参与者，包括政府、企业和公众，打开了大门，鼓励其在这个系统中发掘新的经济机遇，为社会的前行和经济的增长注入活力。总结起来，无论是技术、制度、管理还是业务模式等各个层面的创新都是必要的，它们可以释放城市的巨大潜能，带来新的产品和服务，从而实现各方的共赢。

除此之外，智慧城市还蕴含着一些显著特点，如信息的整合、协同合作、流畅的管理方式、双向互动的沟通以及经济活动的优化等，这些特质揭示了智慧城市跨越了多个行业和部门的界限，这也意味着构建智慧城市的实践将面临诸多挑战。

二、智慧城市的建设目的

对于智慧城市的建设，尽管每个城市都要根据自身特有的情况进行调整和规划，确保自身的独特性，但它们的根本目标却是一致的。

第一，在追求智慧城市的过程中，核心的追求是最优化资源利用，最小化能源和时间消耗，有效应对环境污染、资源紧张、交通阻塞以及文化遗产保护和传承的相关问题，让人们有更高的生活满足度。具体地看，跨部门的智能办公系统需要实现完美融合。通过与公众相关的城市智能服务手段，可以显著提升公共服务的质量，确保城市的发展成果能够真正惠及所有人。例如，在医疗领域，应该强调电子病历和健康档案的普及，在全域普及社会保险"一卡通"系统，实现实时医保费用结算和跨区域结算，合理分配医疗资源，及时解决医患争议，并持续优化医疗服务方案。

第二，智慧城市的发展收集并整合了在城市运营中产生的众多数据，还促成了一个高效的大数据平台和知识中心的形成，这无疑将进一步丰富城市管理服务的内容并提高其质量。

第三，数据已逐渐成为多个行业的核心资产，信息服务行业预计会成为城市产业发展的新动力，它能够促进传统产业的升级，有助于推动生物医药、新材料、能源、航空、海洋、环境保护和新能源汽车等战略性新兴产业和高新技术产业的发展，开创前所未有的新市场，产生深远的影响。

三、智慧城市的意义

随着 21 世纪的现代城市进入后工业化时期，其规模持续扩大，人口激增、人口老龄化及经济转型等已经逐步成为城市发展的核心议题。这样的挑战意味着传统的城市管理方法已逐渐失去效力，城市必须采用创新措施，通过科技力量来改革并增强城市的基础设施，确保更有效地分配和使用有限的资源。

智慧城市的建设意义可以从以下三个主要领域体现。

（一）社会效益

智慧城市为解决所谓的"城市病"提供了一个高效的策略，通过精心设计的智慧城市框架，一方面，可以侧重于发展智慧政府、智能交通和智慧能源等城市应用，以便缓解交通堵塞问题，实现节能与环保，并显著提升政府的服务效能。这些都与城市的整体发展、居民的生活品质和整个地区的竞争力紧密相关，进而助力城市走向可持续的发展之路。另一方面，这也为产业的进一步发展提供了机会，包括智慧产业的兴起、对传统产业的再造与升级，以及对物联网中心产业和相关产业的选择、引入和发展。通过充分地利用物联网技术，可以对传统产业进行改革和提高，加强各个产业间的互动与共同进步。

智慧城市的成功实施带动了智慧商务和智慧政务的浪潮，市中心转型为信息的枢纽，而其他的城市功能和资源得以更优化地分配，为解决大都市复杂的问题打开了新的方向。接下来，绿色城市的发展在智慧城市的可持续性和低碳技术驱动下如火如荼地进行。其中，智慧城市的核心之一是确保通过信息技术为环境、民生和城市安全提供坚实的后盾。

作为智慧城市的主要支柱，信息技术行业主要依靠智慧和信息资源，是一种高科技产业，其本质上已经拥有了低能耗和低污染的特质，为经济带来了集约型的发展方向。为了支撑这种发展，强调从宏观角度出发，实施智能化基础设施建设，可以解决产业规划中可能出现的重复建设和技术滞后问题。对于新兴智慧产业的挑选和培养也应给予足够的关注，经过精挑细选并加以培养后，这些产业能够壮大并进一步带动其他产业的发展。

为传统产业注入智慧化的元素也是不可或缺的步骤，它能为市民打造一个智慧化的生活环境并提供智能化的公共服务。与此同时，合理的智慧城市规划能有效地缓解超大型城市的种种压力，构建以智能化为核心的城市集群，避免由于过度扩张而产生的城市问题，从而使得城市生活更加宜居。

（二）经济价值

经济活力作为城市发展的核心动力，在智慧城市中得到了新的启示和发挥。在智慧城市的框架内，新一代的信息技术为城市的结构和形态带来了变革，成为城市经济转型和进阶的助推器。它既增强了城市的经济增长潜力，还助长了从钢铁、水泥、电力到高科技行业如芯片、光纤和传感器的经济繁荣，创造了众多的知识型职位，推动了城市经济的蓬勃发展。

观察更具体的经济价值，智慧技术在传统产业中的应用是不可忽视的变革力量。传统产业在接受这种技术转型后，经历了对自身的管理方法、资源利用和工艺设备的革新。这种转型允许这些产业进行业务和流程的再创新，促成了物流、资金流和信息流的高效、有机的结合，大大提高了整体的企业协作效率。

智慧技术的广泛运用也为新兴产业的崛起和发展提供了肥沃的土壤。新一代的移动通信、智能终端、物联网和云计算等领域，在技术开发和产业化的进程中，逐渐崭露头角。这些新兴产业的繁荣成为新的经济增长点，为城市的经济注入了新的活力。

观察智慧产业的影响力会发现，它推动了产业向更高端的方向发展。新一代的信息产品制造业，作为高新技术产业的代表，在与其他高科技和传统技术的整合过程中，掀起了技术创新和研发的热潮，加速了高新技术的产业化步伐，带动了其他相关产业的快速成长。尤其在智慧城市的构建和运行过程中，信息传输、技术服务和资源产业等基础信息服务快速崛起，使得以信息服务为核心的经济逐步在整体经济结构中占据主导地位。

（三）服务意义

智慧城市的架构深刻地展现了政府服务的创新方向，尤其在智慧化的行政领域。一个高效运作的政府直观地展现了智慧城市在行政服务领域的核心价值，这种政府形态强调"为民服务"，无论是从政治学角度看作"为社会服务"，还是从行政学的角度解读为"为大众服务"。此种服务理念是政府的基本追求，更是政府存在和发展的根本宗旨。

在为社会提供服务时，政府应注重以下几点内容：确立坚实的法律支撑；维护一个正常的政策氛围，包括维护宏观经济的平稳；对基本社会服务与基础设施进行投资；关心和保护那些弱势群体；积极推进城市的绿色环保措施。

深入实质层面，服务型政府的建设目标是构建一个遵循正当规范、公平公正、清廉高效的政府，而这一切的最终目标是满足民众的期待，回应民众的需要。实现这一切，除了在政府体制上进行必要的创新与调整外，更为关键的是推进信息公开和高效透明的服务。当各个政府部门之间实现简洁、流畅的信息流转时，行政服务的功能与效率都将得到显著提升，从而赢得人民的信任与依赖。

第三节　中国特色化智慧城市

一、中国特色智慧城市的建设目标

智慧城市的建设与发展，融合了低碳经济、智慧化进程与幸福生活的统一城市理念，这样的城市发展目标着重于融合政府、城市、社会以及企业的信息化进程，构筑一个数字化的生态。通过数字技术的创新应用，城市内涉及的各种信息资源，如地理环境、基础建设、各类自然与社会资源、经济活动、教育体系、旅游亮点以及丰富的文化资源，都被数字化的手段采集、整合并存储。利用先进的计算机技术和互联网，这些资源得到了统一的管理、优化与展示，确保了信息在城市管理和公共服务中的互通与共享。这为城市资源的科学配置与管理提供了工具，更为低碳、环保的可持续发展及构建和谐社会提供了有力的支撑。

信息技术在国内各经济和社会领域的深入应用已经产生了显著的效果。例如，政府的数字化进程通过电子政务的推广，推动了管理模式的创新，并在网上实现了日常办公、政务透明等功能。农业的信息服务结构也逐渐完善，数字技术的应用在诸如市政、城市管理、交通、公共安全、环境保护、节能措施以及基础设施建设等领域，都明显提高了城市管理的现代化水平。社会的数字化进程在科技、教育、文化、医疗、社会保障、环境保护、社区服务以及电商和现代物流等多个领域也表现出强劲的发展势头。对于企业，尤其是新能源、交通、冶金、机械及化学工业等，信息化水平也在稳步上升。传统的服务领域正在逐渐向现代化转型，数字服务业在此背景下快速发展，而金融领域的数字化则催生了服务创新，一个初步的现代金融服务体系也已经开始形成。

这样的趋势明确展示了智慧城市是一种理念，更是一种切实可行、具有深远意义的实践路径，对于未来城市的繁荣与和谐起到了积极的推动作用。

二、中国特色智慧城市建设方针

智慧城市的建设理念致力于速度上的提升，为信息基础设施打下牢固的基石，根据科学的方法规划智慧城市的发展路径，并确保相关的标准和规范系统完备。高质量的规划设计是智慧城市建设的方向标。在此背景下，宽带信息工程的推行，多种网络的整合，以及"云计划"的实施成为重中之重，而示范工程则起到了基石的作用，为整体的智慧城市建设提供了坚实的基础。

技术的进步是智慧城市的关键，智慧城市必须有强大的科技支撑。通过集中力量，对重大智慧技术进行深入研究，期待在物联网、云计算等技术领域取得关键的技术突破。核心芯片、新型网络技术、传感器、超级计算以及智能处理技术的研发和产业化都应当受到特别关注。推动科技创新是必不可少的，构建智慧型创新支撑平台并推动智慧技术的广泛应用是此方向的核心。政府在智慧城市建设中扮演着关键角色，政府网上办公系统、电子政务服务平台以及政府智能化决策平台等工程的快速发展，旨在塑造一个高效、便捷的智慧政府。公共交通、航空、海港以及供电、供气、供水等城市基础设施的智能化建设也在加速中。城市管理、公共安全、应急响应等多个领域都在积极探索智能技术的广泛应用。

目前，智慧城市建设强调信息技术的核心地位，重视城市一级应用平台的中心角色，并以实现城市现代化管理和高效的公共服务为最终目标。政府信息化、城市信息化、社会信息化以及企业信息化的齐头并进是这一战略的重要组成部分，期望构建一个以城市基础数据管理和存储中心为核心，并拥有多个城市业务应用二级平台的智慧城市发展模型。结合城市的各种数据，如土地、交通、道路、环境、绿化、经济等，形成一个统一的云计算和云数据中心，构建一个信息互联、数据共享的超级信息体系。同时，智慧城市应当建立数字化和智能化的应用平台和系统，包括电子政务、城市管理、应急响应、生态与节能、公共安全、智慧交通、基础设施管理、公共服务、社会保障、医疗健康、教育、文化、旅游、电子商务、物流、智慧社区、物业管理等。

通过这些举措，智慧城市的建设将更为有序、系统、高效，真正实现信息技术与城市生活的深度融合，为居民提供更为便捷、高效的服务，同时为未来的城市发展提供坚实的基础。

三、中国特色智慧城市建设总路线

智慧城市建设的核心路径融合了"顶层设计、统筹管理、深度融合、全面提升"四大工作要求，旨在让城市的关键资源和信息要素达到自动感知、快速传达、智慧运用和无障碍共享的境地。以下是智慧城市建设的主要组成部分。

（一）智慧城市的高级规划

城市的智慧化转型要求有高层次、全面的规划，规划应基于对智慧城市需求的深入分析以及对实际可行性的研究。其中，规划的焦点应涵盖智慧城市的功能、系统、技术、信息、基础设施、标准等方面。智慧城市的评价指标和建设保障措施也是规划的重要内容。

（二）统一的大数据管理中心

为实现智慧城市的目标，创建一个集中、高效的大数据管理中心是至关重要的，该中心应采用逻辑集中和物理分散的技术结构，作为智慧城市的数据脊梁。对城市的基础信息资源进行统一的构建和管理，包括全市的人口信息、企业和机构的基础数据。进一步，应集成智慧城市的地理空间框架数据，完善人口、企业、空间地理等信息的共享和交换机制，建立一个统一的城市地理信息资源体系。在此基础上，对城市的各个部件和事件进行详细的分类和普查，澄清权责，制定资源目录体系，并实现对各个领域的专题信息资源的统一管理。

（三）城市的"一级平台"构建

依托于智慧城市建设的云计算中心，城市管理运行应遵循"一级监督、两级指挥、三级管理、四级网络"的模式，这就需要构建一个智慧城市的城市级综合管理和公共服务"一级平台"，平台应该阶段性地汇集众多部门业务的"二级平台"和应用系统。最终目标是确保城市的各种信息基础设施广泛地与人连接，并确保信息的无缝流通和事件的联动处理，从而有效地提高城市管理和公共服务的效率。

（四）深化民生服务的"二级平台"及应用系统设计

智慧城市的初级阶段注重于社会管理的革新以及民生公共服务的应用平台建设，该阶段集中精力于市民卡、智慧社区、智慧医疗、智慧教育、智慧房产及智能建筑等领域的业务平台与应用系统的设计与落地。为了确保信息流的畅通，强化资源的共享并促进业务之间的协同，这一阶段将集中于整合各种专题资源、制定资源共享更新责任制度，并确保多方参与建设，最终达成共建、共享及应用的目标。

（五）智慧城市建设坚守"四统一"原则

智慧城市建设的过程中，必须坚守"统一领导、统一规划、统一标准、统一平台开发"四大原则。作为一个高优先级项目，智慧城市的建设需要在政府的强力领导和协调下，整合各部门资源，确保信息的互联和数据的共享。基于高级"一级平台"规划，对智慧城市的各"二级平台"和应用系统进行统筹设计，同时确定统一的数据交换标准、通信接口规范等，以保证整个开发过程中的高效性和一致性，避免资源的浪费和重复开发。

（六）加强智慧城市的支撑与保障体系

智慧城市建设需有强大的财政与制度支撑，要建立高效的财政投资机制，统筹管理智慧城市的建设资金，避免资源的浪费和项目的重复。要完善相关政策和法规，构建健全的智慧城市政策及规定体系，加强责任监管，并确立行政效能的监察标准。为了进一步增强城市管理的执行力，智慧城市管理评价考核结果应纳入电子化的监察机制，完善协调与督导机制，确保智慧城市的正常运行和长远发展。

第二章　智慧城市建设的架构与模式

第一节　智慧城市建设的架构

　　智慧城市建设的建构为城市运行的各个方面提供了技术和管理的框架，正确的架构设计使城市管理更加高效，响应更加迅速，同时也支持可持续发展和创新。一般来说，智慧城市建设的架构可以分为四层，即感知层、传输层、处理层和应用层，如图 2-1 所示。

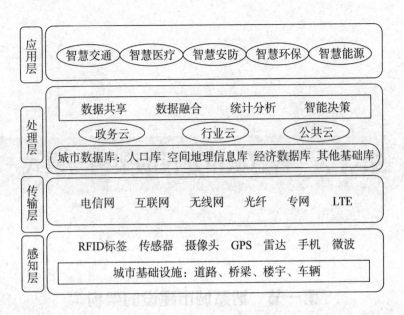

图 2-1 智慧城市建设的架构

一、感知层

作为智慧城市的基石，感知层充当城市的"感知神经"，其核心在于通过基础设施的铺设来对城市进行无缝监测，获取实时信息。利用 RFID 标签、传感器等先进技术装置，城市的各个部分都被纳入了这一全景式的感知网络中，从而可以轻松捕获诸如交通流量、地理定位等关键数据。它决定了城市中哪些数据可被捕捉，而且为上层数据的传输、处理和应用提供了不可或缺的支持，有这一层的存在，城市方可全面掌控信息流动，并向各个节点发布相应的指令。

二、传输层

传输层的角色在于搭建一个稳定、高效的信息传递通道，通过构建基于互联网、电信网络的泛在网络载体，确保感知层捕获的数据可以被准确无误地传达到目的地。这也意味着城市各个部分，无论其行业或部门属性如何，均能实现畅通的信息互通与共享，从而实现城市的高度互联和实时感知，这是构建智慧城市的关键所在。

三、处理层

此层的重点在于利用先进的技术平台，如多种数据库和云计算，对传输层传来的海量数据进行深度处理与分析，从大数据中提炼出城市动态和趋势，为上层应用提供有价值的数据洞察。处理层的存在使得城市管理者能够把握实时状况，根据分析结果做出更加明智的决策。

四、应用层

站在智慧城市架构的顶端，应用层是该体系与各个专业领域相结合的桥梁，是决策与实施的核心。依据处理层所传递的数据分析结果，应用层提供了一系列智能化的解决方案，以满足政府、企业和公众的各种需求。作为智慧城市与实际行业的纽带，一个健全的应用层不仅可以直接推动城市的经济发展，还能在更宏观的层面上产生深远的社会影响。

第二节　智慧城市建设的模式

我国的智慧城市建设在各地展现出了不同的风貌，这背后与每个城市的经济条件、地域特点、社会进程等都有着密不可分的关系。从整体来看，中国智慧城市的构建路径大致可以归纳为三大模式：基础设施驱动模式、核心技术驱动模式以及智慧应用驱动模式。

一、基础设施驱动模式

这一模式将构建如 RFID 标签这样的智慧基础设施视为智慧城市演进的第一步和核心。它的核心思想是，通过加强和完善智慧基础设施，催生相关的智慧应用和促进物联网等行业的壮大与繁荣。以上海为例，这个国际化大都市在智慧城市建设中明确表示，要通过"强化网络的宽带能力和提高应用的智能化程度"来建立其智慧基础，但值得注意的是，上海并没有只满足于基础设施的打造，而是进一步通过这些基础设施推进了智慧应用和相关产业的生长与创新。

二、核心技术驱动模式

这一模式的城市以新兴的信息通信技术，如物联网和云计算，作为智慧城市建设的核心驱动力，其目标是通过培养和扩张与物联网相关的产业，推进城市的智慧化建设。对于此类城市来说，高水平的信息化和技术研发是其成功的关键。

以无锡为例，这座城市在智慧建设上，明显地以物联网技术为主导，为了推进这一领域的发展，政府特意强调其重要性并对其进行了大力支持。中国电信、中国移动和中国联通，相继在无锡设立了物联网研究机构，这进一步巩固了无锡作为物联网技术发展的重要枢纽的地位。无锡不仅成功地构建了以物联网和云计算为主的产业生态，还在此基础上积极地探索和发展了更多的智慧应用。

三、智慧应用驱动模式

当谈及智慧应用驱动型的建设模式，实际上是指将智慧技术与各种行业领域深度融合，以此推进诸如智慧教育、智慧医疗、智慧交通、智慧环保等领域的应用。在这种模式下的城市，技术应用站在核心位置，主旨是优化城市的运营效率，同时减少管理成本，从而提升市民的生活体验和质量。

以佛山为例，该市在智慧城市建设上积极探索，致力将智慧技术引入多个领域，如社会管理、文化娱乐、产业进步等，以确保各方面都能体现智慧化的特点。特别是在公共服务、交通、安全和环境保护等方面，智慧化的手段已经深入人心，成为日常运营的一部分。

综合而言，无论是智慧基础设施、智慧技术还是智慧应用，它们都是支撑智慧城市发展的根本元素。然而，城市的进步并非一蹴而就，而是需要经历一个多变而复杂的过程。这一过程会受到各种外部因素的影响，如宏观环境、利益相关者的诉求等，因此在探索智慧城市的建设和发展之路时，除了以上提到的三大核心要素，还需要全面考量其他各种影响因素，以确保建设的成功和长远的持续性。

第三章　新型智慧城市建设与运营的理论基础

第一节　智慧城市建设相关理论

一、智慧城市过程理论

（一）运营架构

智慧城市是以全面的信息基础设施和平台为基础，把城市建设在智慧化的协同网络中，根据其城市规划发展的方向，确立城市运营的模式。在这个架构中，城市居民的需求被放在首位，以市场为动力，以满足公众的需求为终极目标。它还集成了各种智慧城市的运营模块，致力于为城市和居民提供一流的信息和服务。

当谈到智慧城市的进展，管理与运营是其中的核心环节，它涉及政府、制造商和终端用户之间的互动，而且超越了传统的规划、建设、运营和维护等步骤。事实上，它融合了各个领域的执行功能，还涉及特定的管理方式、经济效益、运营绩效等多方面的内容。

运营智慧城市意味着建立一个信息资源丰富、横跨多个部门和行业的统一协作平台。为了实现这一目标，需要设计一个面向整个城市的管理、控制和服务框架，并利用物联网等前沿技术，整合各行业的数据资源，形成一个全面的城市数据系统（CDS）。然后，各个部门和行业可以通过这个协作平台满足自身的需求，实现系统的智能处理和控制。简单地说，这是一个通过高度互联的网络，为人和物提供智能服务的架构，如图 3-1 所示。

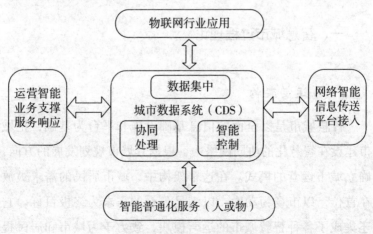

图 3-1　智慧城市运营架构

（二）平台架构

智慧城市中的应用平台负责实施和管理城市的各个智慧服务领域。在较为狭窄的定义中，应用平台主要专注于处理智慧城市各领域的信息系统，而更广泛的定义则看到它是一个综合软硬件服务平台，旨在整合各机构和个人的资源，并在保障信息安全的前提下实现统一的信息共享和管理。为确保这一平台是可以长久使用的工具，需在保证其一致性的同时，兼顾其开放性和信息安全特质。

在智慧城市的演进过程中，关键步骤之一是融合各个领域的智能功能，并将其统一到同一个平台上。当前，我国许多智慧城市的进展仍表现为各领域的智慧模块独立运行，各自的信息系统又孤立于特定的领域中，这种"信息孤岛"的现象为建立统一的应用平台带来了挑战。搭建应用平台的目标是确保不同领域的信息资源能够互相连接、通信，因此在设计框架时，应充分考虑统一各自的应用平台，以信息资源流通为核心，采纳和遵循统一的标准和规定。只有满足这些条件，应用平台才能在智慧城市建设中占据核心地位，推动公共服务的质量不断提升。

（三）网络架构

智慧城市所依赖的网络架构可以大致分为两大部分：感知网络和通信网络。感知网络的主要任务是对各种信息的持续感知和监测。通过其遍布的终端，这个网络能够全方位地收集多样的信息。而通信网络是由互联网、通信网、广电网以及物联网相结合而成，其目标是确保这些信息可以在整个城市范围内得到全面、安全且智能地传递。

1.感知网络

这个网络的目的是实现对城市的细致感知，通过建设这一范围广泛且共享的网络，城市能为各种智能应用系统提供综合的感知信息，如视频、数据、位置和环境等。为了确保信息的持续收集和流通，城市的通信基础设施需要不断地进行更新和拓展，这样，物联网、互联网、通信网和广电网就可以融合得更为完善，给各种智慧终端、领域及市民带来广泛且智能的信息接收渠道。只有当信息能够准确、及时且全面地从城市各个角落被收集起来，智慧城市的运营才能真正实现。

2.通信网络

快速且无处不在的通信网络为智慧城市提供了一个稳定的信息处理环境，使得所有的数据、语音、视频和图像都可以自由流动，实现城市的高效协同工作。这一网络综合了现代通信技术、计算技术及其他前沿技术，展现出信息化进步中的无线、集成、智能和个性化特点。这使得智慧城市的通信网络演变为一个国际领先、全数字化、智慧化的宽带多媒体信息传输系统。

在智慧城市的建设旅程中，可以针对各种多元的产业模块的演进模式，选择最符合的运营策略，为各类用户及相关方提供完备、安全、高度互联的综合服务。在该领域，运营策略应当特别关注满足公共信息的安全性、平台的连接性以及公共服务的需求，以此推动社会服务和发展环境的创新和进步。

二、智慧城市建设理论

（一）核心技术

城市的智能化进程被视为新时代信息技术发展的关键机遇，同时，它也是我国在智慧城市建设上迈向全球先进水平的关键一环。可以预见到，众多具有广阔前景、强大动力、丰富机遇并且资源消耗较低的产业，它们将逐步被纳入规范化，并朝智慧化方向迈进。

现如今，智慧城市的建设，依托于先进的核心技术，已从一个理念慢慢地转化为实际行动，通过精心规划和建设，结合各个技术领域的力量，已经在民生、环境保护、公共服务以及各种产业活动中取得了明显的成果。目前，建设智慧城市所需的核心技术包括通信技术、物联网、云计算、软件工程、BIM（建筑信息模型）、GIS（地理信息系统）以及信息安全等，如图3-2所示。

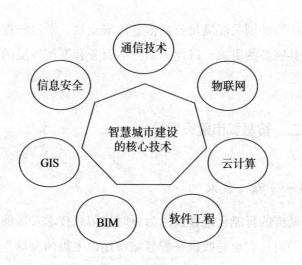

图 3-2　智慧城市建设的核心技术

1.通信技术

通信技术是智慧化建设的主要核心支撑点，目前主流的通信技术有光纤通信、3G 通信、4G 通信和卫星通信，各自的特点如表 3-1 所示。

表 3-1　主流通信技术及其主要特点

主流通信技术	主要特点
光纤通信	利用光复用技术，充分利用宽带资源，通信容量大，传输距离长，信号干扰小，传输效果好，无辐射，存在供电问题

续　表

主流通信技术	主要特点
3G 通信	将无线通信与互联网等多媒体通信结合起来，支持高速数据传输蜂窝移动。同时，高速传输声音和数据信息，处理图像、音乐和视频流等信息
4G 通信	完美结合 3G 和 WLAN，良好的图像和视频传输质量，快速的下载和上传速度，可以根据自己的需要定制
卫星通信	由卫星和地面站组成，通信容量大，传输损耗小，电波传输和传输时延稳定

2. 物联网

在智慧城市建设中，物联网技术通过将传感器、设备和机器网络化，能够有效实现城市基础设施和服务的智能化管理与优化，这些技术允许实时数据的收集与分析，从而对城市交通、环境监测、医疗和公共服务等进行高效调度和响应。系统框架由三层组成，即负责对象识别和信息采集的感知层、信息传输的网络层和直接与生产实践相联系的应用层，如图3-3 所示。

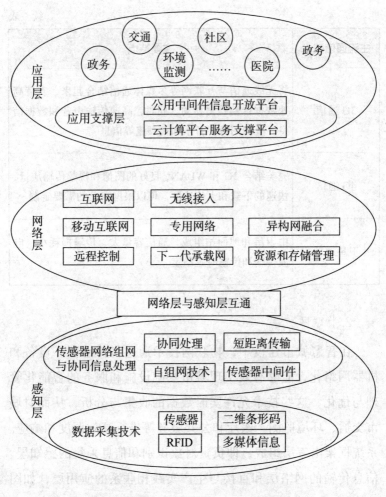

图 3-3　物联网体系框架图

3.云计算

该技术整合了硬件、平台及软件资源，构筑在一个灵活可扩展的网络环境中。云计算依赖于大数据技术、大规模数据存储、灵活的计算手段以及云端存储平台等技术手段，它为智慧城市提供了高效的业务支撑和强大的计算实力，确保资源得到最优化的利用。云计算层级架构图如图3-4所示。

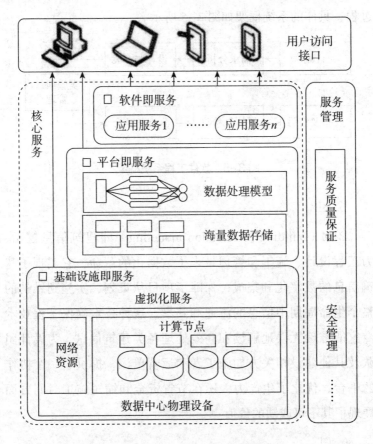

图3-4　云计算层级架构图

4.软件工程

软件提交能力的提高是城市智能化进程中不可或缺的过

程。软件工程是以系统化、标准化和可量化的过程方法开发和维护软件，并将经过测试和验证的管理技术与目前最好的技术相结合。这个过程通常包括开发过程、操作过程和维护过程，具体的系统框架如图 3-5 所示。

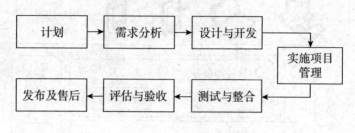

图 3-5　软件工程系统框架

5. BIM

BIM（building information modeling）即建筑信息模型，为工程设计、施工和管理带来了数据化的革命，它实现了建筑信息的数字化和集成，保障了项目从策划、实施到维护的整个生命周期中信息的流通和共享。这种技术确保工程技术专家能准确无误地解读和高效处理各类建筑信息，为设计团队及其他建设相关方如施工者和运营单位，提供了一个协作的平台，优化了生产力，还在节省资金和缩短施工时间方面展现了其不可或缺的价值。

6. GIS

GIS（geographic information system）即地理信息系统，由系统硬件、操作软件、数据存储单元、操作人员和使用方法组成，对地球上的空间位置信息进行管理和使用，其功能包括数据采集与编辑、制图、空间数据库管理和空间分析。

7. 信息安全

信息安全为城市信息化建设提供了稳定和安全的坚实后盾，它由加密技术、对抗技术、安全服务技术和信息安全系统组成。

无论是在通信领域内的技术进展，如光纤通信、3G 通信、4G 通信、5G 通信以及卫星通信，还是物联网的核心技术如射频识别和无线传感，都在对城市建设起到积极作用。云计算，提供了巨大的计算能力和承载力。GIS 为多个领域，即从土地开发、经济策划、环境监控、都市规划到资源信息管理、交通治理以及政府的综合协调提供了数据支撑。它们共同推进了城市的进化。此外，信息安全，确保了城市的平稳运作不受任何风险威胁，为城市的持续健康发展打下了坚实基础。所有这些技术合力，旨在打造一个能够全方位感知、具备高度智能化和深度智慧的现代都市。

（二）建设主要内容

智慧城市构建的领域多样且涵盖内容广泛，这种城市建设可以大致归纳为四大核心部分：基础建设、产业、生活服务和环境。

在基础建设方面，智慧城市的骨架基于信息基础设施，涉及构建互联网、物联网、云计算、大数据、信息安全等的技术平台和工具，以及硬件和软件资源的整合。这种信息化设施是城市进步的核心元素，它的建设受到高度关注。政策环境则是智慧城市进步的指南，为特定地区的特色和发展提供了方向。大型物质基础设施如道路、桥梁和电力等也为信息基础设施的实施提供了坚实的支撑。

涉及产业的话题，战略性新兴产业在未来的城市经济和社会中将占据中心地位，以知识为基石，低碳、绿色且具有巨大发展潜力的智能产业，主要围绕智能技术研发、设备制造、通信、集成电路、应用电子和云计算等领域展开。信息技术还促进了物流、商务、旅游、娱乐和农业等多个领域的进步。

至于生活服务，智慧城市的建设着重于人本主义的理念，通过电子政务、数字化学校、医疗健康、食品安全、社区服务以及交通便利性等方式，从最基本的人性需求出发，对城市进行规划与实施，从而增强城市的活力和魅力。

最后，智慧环境强调与环境的和谐共生，采纳了可持续发展的观点，包括资源的持续开发和储备，城市环境及空气质量的持续监测，以及为减少碳排放和提高能效而采取的策略。

三、公共治理理论

新公共管理为公共行政领域带来了新的视角，其中包括"竞争导向""民营化"和"以市场为基础"的思维方式。这种管理模式还产生了"公共治理"和"网络管理"等相关概念，为公共管理的演进指明了方向。在这一背景下，公共治理理论应运而生，对传统的公共行政理论进行了深入的探讨和修正。

"治理"这一概念在行政改革的理论和实际操作中占据了重要位置，它倡导的是一种民主、多元、协同和非强制性的管理方式，与"统治"和"控制"的理念形成鲜明对比。公共治理可以被视为治理模式在公共部门的具体应用，它更注重于如何在公共领域内推行这种模式。具体来说，公共治理促进了一种协同、网络化的管理方式，其最终目的是促进公共利益的增长和达到"善治"。为了达到这一目标，政府、非政府组织以及公众等多种利益方需要共同参与，相互协作和交互，实现公共事务的共同治理。这种管理模式下的"善治"理念强调的是权责分明、多元参与、网络化协作、以服务和市场为导向的管理思维，从而建立一种基于协商、合作和伙伴关系的治理网络。

对于公共治理来说，其成功与否取决于几个核心要素，包括责任感、法治观念、对公众需求的回应以及治理的实际效果。在该管理模式下，一个明显的特点是"善治"与管理的高效性成正比关系，也就是说，治理质量越高，管理的效果也就越好。

首先，随着现代公共治理理念的崛起，政府虽然仍然是公共管理的核心，但在这个公共治理的网络结构中，非政府组织、公民等开始逐步崭露头角，并在公共事务管理中扮演越来越重要的角色。例如，在某些特定领域，非政府组织可能比政府部门更有执行力，因此将部分政府职能下放或进行权力分散可能会更加高效地实现目标。公共治理已逐渐从单一的政府主导转向多元参与的模式，其中涉及的多个主体间的合作关系也逐渐成为提高公共事务管理效率的关键因素。这种多元参与的公共治理理念，以及分层治理的策略，为我国政府管理体制中的权力分散机制提供了解决方案，避免了权力分散机制在纵向和横向上的交叉和重复。

其次，在公共治理的背景下，各方主体形成了所谓的"权力依赖"的伙伴关系，使得任何一方的缺失都可能导致治理的失败。这一理念基于公共治理的核心，即在"国家与社会关系"中，特别是政府与公民间，重新构建社会契约。这种"权力依赖"确保了每个参与者都不能单独解决问题，而是需要与其他主体进行合作、谈判和交换以达成共同目标。

再次，政府在公共治理网络中的角色也发生了转变。在这种多元网络中，政府仍然具有关键性的作用，特别是在确定治理的方向、进行监督、制定行为规范和承担国家的基础任务等方面。在这种框架下，政府更像是网络中的主导者，或可以说是"同伴中的领导者"。

最后，自主自治的网络治理模式日益显现，这与传统管理模式中的"无形之手"与"有形之手"的联合有所区别。公共治理模式预示着未来的多元主体间协商和合作将朝自主自治的方向发展。在这种模式下，各主体应积极寻求和推动合作，而权力将被多个主体在横向和纵向上共同分享，而非集中于某一方。

公共治理理论仍在进化中，尚未形成一个统一的理论框架，并在某些研究领域仍存在问题，但其提倡的理念，如公民参与、民主化、合作、多元主体和善治，无疑为我国在公共管理改革、城市管理以及智慧城市建设方面提供了宝贵的理论指导。

第二节　城市运营理论

一、城市的资源构成

城市资源可定义为城市地理范围内的所有资源类型。依照其特性，城市资源可以划分为城市自然资源、城市经济资源及城市社会资源。

（一）城市自然资源

1.城市土地资源

这是城市可用于各种用途的土地，包括已被使用和待开发的土地。土地资源为城市的建设、生活和生产活动提供了必要的空间。一个城市的土地资源状态及其利用效率，是衡量城市经济繁荣和发展水平的关键因素。

2.城市水资源

城市水资源是对城市居住者至关重要的资源，既是日常生活所需，也是生产活动中的关键要素。如何有效开发和最大化利用城市的水资源，对城市管理来说是一个核心议题。水资源主要包括城市的地表水和地下水。

3. 城市生物资源

城市生物资源构成了城市生存和持续发展的基石，进一步细分为城市的植物资源和动物资源。特别是城市的植物资源，包括所有对城市带来益处的植物，它们对保护土壤、调节气候起到了不可或缺的作用。尤其值得一提的是，城市森林在维持稳定的气候和水源方面，对稳定城市生态环境起到了关键作用。

4. 城市气候资源

了解城市气候资源及其潜在的限制性因素，对于充分利用其优势、规避其劣势并优化城市管理是至关重要的。这些气候资源主要包括光照、温度、降雨量、风能等元素。

（二）城市经济资源

1. 城市工业资源

当提及城市的工业资源，指的是在特定时间内，城市工业生产的关键组成部分，无论是实际物质还是其价值。深入了解这些资源，有助于挖掘城市工业的发展潜能、优化经济回报，并助力城市的整体管理。

2. 城市交通、运输与通信资源

这类资源可以视为城市经济发展的前哨，为各种商业和工业部门提供关键支持。交通运输资源包括多种形式，如铁路、公路、水上交通和航空，而通信资源主要包括邮政和电信。

3. 城市建筑业资源

城市建筑业在固定资产的生产和再生产中发挥着关键作用，成为城市经济的支柱。对城市建筑资源的合理运用和发展，以及优化建筑业的经济效益，都是城市管理的核心议题。

4. 城市商业和外贸资源

这一范畴涵盖了城市的批发、零售业务和对外贸易活动。

5. 城市旅游资源

由于旅游形态的日趋多样化，城市的旅游资源内容也随之变得更加丰富。简而言之，所有能为游客提供的景观、度假、探险、休闲和知识体验的元素，都可以纳入这一类别。这些资源可以进一步细分为自然风景、人文景观和旅游商品。特别是，城市旅游资源与其他资源相比，其优势在于在合理使用和保护的前提下，可以反复使用并不断开发。为了更具体地描述，城市的自然风景资源包括湖泊、山川、洞穴、泉水、珍稀植物和野生动物等；人文景观则包括革命遗址、历史古迹、现代工程项目和民族文化等；旅游商品资源包括地方手工艺品、土特产等。

（三）城市社会资源

1. 城市人力资源

城市中拥有劳动生产能力的人口被视为城市的人力资源，

通常涉及适合劳动的年龄段的人口，这是城市资源中的核心元素，对城市的持续运营和发展起到了关键作用。

2. 城市智力资源

此方面的资源广泛包括科研机构、技术人才、政府部门、教育机构、广播电视机构以及其他文化和教育组织。

3. 其他城市社会资源

这类资源涵盖了如卫生和健康服务、体育事业等领域的资源。

二、城市建设资源的构成

城市建设资源关联城市建设的投入和涉及的各种实体和要素。

（一）城市地产资源

城市地产资源主要指涉及国有土地，无论是未被出售的、未被充分开发的，或是已被出售但在近三年内没有得到充分开发利用的土地，还有那些被遗弃的"烂尾"建筑项目。

（二）城市房产资源

在这方面，主要关注的是国有但处于闲置状态、未被使用或使用不当的房产。

（三）城市交通资源

城市交通资源主要涉及由政府财政部门投资建设的，可供经营使用的道路、桥梁、停车场、车站、码头、机场等交通设施。

（四）城市水务设施资源

城市水务设施资源主要包括与城市供水和排水设施有关的资源。

（五）城市市容及环卫设施资源

在该类别下，主要是垃圾转运和处理设施，以及广告牌、霓虹灯等城市市容设施。

（六）城市风景园林资源

这部分资源涵盖了城市的公园、绿地、广场、湖泊、滩地、人文景点和革命遗址等。

（七）城市建设相关机构

这部分资源主要指的是隶属于市或区的城市建设相关企业。

三、城市运营的概念与特点

（一）城市运营的概念

城市运作的核心是不断地推出和创新产品及服务，以此为城市注入新的价值。这些建立的产品与服务大致分为两大类别，第一种涉及那些只能由城市政府提供的公共产品和服务，这是因为其他非政府组织，如企业，或不愿或无法提供这些服务，这类服务的主旨在于营造宜居的投资和生活环境，以及培育城市的特色产业，如会展业。第二种则涉及商业组织所提供的商品和服务。城市增加自己的价值的方法大致有两种：第一，源自对新产品和服务的开发与创新；第二，基于现有产品和劳务，寻求更为优化的生产和服务模式。

（二）城市运营的特征

1. 系统性

城市的运营不是隔离的行为，而是一个系统化的过程。从城市的规划、建设到管理和实际运营，城市运营的观念都应该贯穿其中。

2. 复杂性与整体性

城市是一个将经济、社会、文化和生态集于一身的综合实体，其内部的复杂系统由多个相互连接、互相依赖的结构组成。

3. 长期性

考虑到城市的可持续发展，可以认识到城市运营是一项长期任务，其目标不局限于短期收益。

4. 市场导向性

即使在政府主导下，城市运营依然以企业为中心，遵循市场的规则运作，旨在降低开支、增加收入，吸引更多的城市消费者，增强城市的吸引力和竞争力，这都是市场导向的表现。

四、城市运营的领域

（一）城市空间和城市功能载体是城市运营的重要领域

城市空间是指城市规划范围内的区位、地上、地下所形成的多维空间，每座城市都是在一定范围的空间中生存发展。城市空间内含的自然资源如土地、山川、河流、林木等，都构成城市运营的基石。另外，城市功能载体，如道路、桥梁、建筑、交通工具等，都是为了满足城市居民在生产和生活中的物质与精神上的需求，同样也是城市运营的基础。

在社会主义市场经济的背景下，城市空间和城市功能载体都具有商品特性，它们在相应的交换中可以体现价值。如果城市中的自然资源和功能性资产未被纳入市场或未参与交换，那么它们仅仅拥有使用价值，并未体现出交换价值。例如，城市土地的使用权一旦被转移，它就成为商品，并相应地被赋予了价格。那些具有市场交换目的的功能性资产，如住宅和办公楼，不只是拥有使用价值，更具有商品的交换价值。虽然城市中的许多功能载体，如道路和桥梁，是为公众所设计的，但这并不意味着它们可以被免费使用，它们也需要进入市场，被视为商品来进行运营。

（二）城市无形资产的运营

无形资产是指依附在有形资产上的无实物形态的资产，如开发权、使用权、经营权、冠名权、广告权、特色文化等。

随着社会主义市场结构的深化，很多城市除了注重有形资产的利用和市场化，也开始发掘其无形资产的潜在价值，旨在加强城市的实力并发掘其潜在的商业价值，为城市带来实际益处和增强其影响力。在知识经济时代，知识和信息在经济发展和社会进步中的作用日益凸显。因此，智力资源，作为城市无形资产中的一部分，其开发、应用和保护的意义显得尤为重要。城市策略的制定需要充分意识到在当今世界，无论是国家之间还是城市之间的竞争，其核心都在于人力资源的竞争，这是一种具有高度流动性的无形资产。

第三节　公共经济理论

一、公共物品

公共物品是公众共同受益，消费过程中具有非竞争性和非排他性的物品。公共物品主要有三大特征，即效用的不可分割性、受益的非排他性、消费的非竞争性。

二、私人物品

消费上既具有排他性又具有竞争性的产品称为私人物品。私人物品的特性使市场成为有效地处理其供应问题的途径。纯粹的私人物品或服务的提供量是基于所有消费者需求的汇总，它们可以轻易地在消费者之间进行分配。这种物品具有两大核心特征：消费的独特性，一旦被某个消费者使用，其他人就不能使用；供应的独特性，即在供应时可以针对那些支付费用的人进行特定的服务，同时将未付费的消费者排除在外。

三、准公共物品

实际上，很多产品并不完全符合公共物品或私人物品的标准定义，而是介于两者之间，这就是所谓的"准公共物品"。这些物品既有公共物品的特性，也有私人物品的特性，它们在某种程度上可以被单独的使用者独占并从中获得利益，并可以在使用者之间分配这些利益。在供应上，它们也能实施排他策略，将不付费的消费者排除在外。城市基础设施，如卫生、供水、供暖、供电和邮政服务等，都是准公共物品。

虽然准公共物品带有明显的公共利益，但由于其也具备排他性和竞争性，所以这种物品既可以由政府提供，也可以通过市场来满足，并考虑政府的资助。大部分服务生产的基础设施也归于准公共物品的范畴，因此政府和企业在提供这类物品时拥有较为广泛的选择余地。

第四节　项目区分理论

一、纯经营性项目

在当代城市发展的背景下，纯经营性项目属于全社会投资范畴，其前提是这些项目必须符合城市发展规划和产业导向政策。投资方可能是国有企业、民营企业或外资企业。投资方根据公开、公正和公平的招投标制度，自主决策融资、建设、管理及运营策略，且项目的权益完全属于他们。涉及价格设定，政府则起到调和的作用，确保既照顾到投资方的盈利需求，又满足公众的支付能力。实践中，"企业报价、政府核价、公众议价"的策略被采纳，以寻求投资方、政府和公众之间的平衡。

所有具有经营潜力的城市基础设施都有可能经历所有权和经营权的分离，进而以出售、出租或抵押的方式进入市场。这些方式可以转让所有权、经营权和收益权，实现直接融资，活化现有资金，并吸引更多的投资，进而开启城市建设市场化的进程，确保城市建设资金的持续流动和再投资。在实际操作中，经营性项目通常采用BOT（build-operate-transfer，建设—运营—转让）、TOT（transfer-operate-transfer，转让—运营—转让）和投标拍卖等方式。

二、准经营性项目

与纯经营性项目相比，准经营性项目虽有收费机制和资金流入，且有潜在的盈利潜力，但由于政策、收费价格等原因，它们常常面临无法收回成本的问题。准经营项目往往兼有公益性，可能是因为市场的失败或效率不高，它们不易产生明显的经济效益，市场的介入很可能导致资金短缺。在这种情况下，政府介入成为必要，既要提供资金支持，还应给予政策优惠，以确保这些项目的稳定运行。随着价格逐渐稳定，这些准经营性项目有可能逐渐转化为纯经营性项目。

对于准经营性项目，既可以通过市场机制运作，也可以得到政府的贴息或政策支持。市场机制在其中的作用根据项目性质而异，只要价格和其他条件达到成熟，这些项目就有可能从准经营性项目转型为纯经营性项目。

三、非经营性项目

非经营性项目的特点在于，它们既没有收费体制也没有资金流入，这些项目往往是市场无法高效运作，而需要政府干预的领域。它们的主导目标是追求社会效益与环境效益，而不是单纯的经济回报，所以这类项目的资金来源主要依赖于为公众利益服务的政府。

政府作为非经营性项目的主要投资者，其资金主要来自财政预算，并且通过固定税收或特定收费方式加以维护。所有权和权益也完全归属于政府。引入代建制等现代管理方式，能够确保投资决策的准确性和规范性，提高整体的投资效益。

基础设施项目的定价通常是由市场价值决定的，它反映了项目的实际价值，也是确定价格的关键因素。然而，这样的项目分类并不是固定不变的。具体的情境下，基础设施项目可以在不同的类别之间转变。例如，一条高速公路在不收费时被视为非经营性项目，但当开始收取适量的过路费后，它的性质就转变为准经营性项目，如果此费用进一步提高，直至使其投资回报率与社会平均水平持平或更高，该公路则变为纯经营性项目。同样，一个风景名胜区原先可能是纯经营性项目，但降低门票价格后，其属性可能转为准经营性，若完全免费，则归类为非经营性项目。

　　基于上述考量，城市基础设施项目的经营属性可以明确界定其投资主体，确保各个项目得到适当的投资和管理，以更好地服务于社会大众。

第四章 新型智慧城市建设与运营的保障体系

第一节 统筹智慧城市建设

一、全市信息化项目统一审核

为了有效地整合城市的信息化资源，采纳一个整体的策略是至关重要的，应将整个城市作为一个统一的实体来看待，其中所有的信息化项目都应纳入智慧城市的构建范围，按照统一的计划和策略进行布局。智慧城市的建设是一个宏大而复杂的工程，它需要在市级领导的指引下，通过协同合作来完成，这意味着，每个角色都有其明确的职责，确保项目的流畅进行。

为了支持这种模式，除了必要的人力、技术和资金资源，还需要相应的机构来统一审查全市的信息化项目，确保每个项目都与智慧城市的总体目标相匹配，避免各部门独立行动导致的资源重复和浪费，并确保数据和信息能够流畅地在各个部门之间共享，增强业务的协同性。

二、建设全市公共信息平台

公共信息平台在城市数据流动中扮演着核心的角色，它是一个集中的系统，负责管理、处理和分发城市的公共数据，能够将数据交换、清洗、整合和进一步处理，使之成为有用的信息资源，供政府和公众使用。这些数据服务包括但不限于提供基于城市公共数据库的数据服务、时空信息支持和基于数据挖掘技术的决策建议。

这个平台对城市的各个部门来说是至关重要的，因为它允许异构系统之间的资源共享和业务协同，能够避免不必要的重复投资和资源浪费。无论是市民、企业还是政府，都可以更有效、更方便和更经济的方式获得所需的服务，确保城市的正常运行和有效管理。因此，在建设智慧城市时，公共信息平台应当是优先考虑的，它为整个城市建设提供了坚实的信息基础，确保了各个部门的数据互联互通和资源共享。

三、统筹建设 GIS

GIS 是城市信息化建设的关键组成部分，由于涉及众多部门，此系统在多数城市中遇到了分散建设、缺乏统一标准和系统间不兼容的问题。此外，数据更新延迟和整合的挑战也随之而来。

为了解决上述问题，建议采取集中策略来构建 GIS，这既可以防止不同部门重复建设，还可以确保采用统一的建设标准。看到这个系统在智慧城市建设中的重要性，市政府应对其给予足够的关注，实施相关的政策和措施。为了确保系统的顺利建设和运行，最佳做法是由主要的 GIS 用户单位来协调各部门的需求，确保所有相关部门的需要都得到满足。

现有的 GIS 系统，无论是需要整合还是新建，都应遵循明确的标准，以确保所有数据和资源都能够顺畅地互相利用。引入"一张图"管理方式可以进一步提高数据整合和使用的效率。

综上所述，集中和统筹的建设方法不仅解决了当前的问题，还为未来的智慧城市建设提供了坚实的基础。

第二节　完善配套政策

一、以政府为引导

在城市转型和升级的过程中，政府不仅是一个监管者，更是一个促进者和创新者，它负责确立目标、出台策略，并通过一系列政策措施来激励各方参与者。在此背景下，政府扮演着策略规划者、合作伙伴以及项目的推动者等多重角色，从而确保智慧城市的成功实施和可持续发展。

首先，在智慧城市的建设过程中，为了满足居民的需求、提高生活质量和确保经济增长，政府需要制定明确的策略框架，并在这个框架下进行决策，包括资金的投入、技术的选择、公私合作模式的探索等。有了这样的策略导向，城市将能够以更高效、透明和公正的方式利用有限的资源，促进创新和持续进步。

其次，政府与私营部门、学术界和公众之间的合作是实现智慧城市目标的关键，通过跨领域的合作，可以汲取各方的专业知识和经验，更好地规划和实施项目。政府可以通过提供资金、提供税收优惠、建立合作平台等方式，鼓励私营部门和其他机构参与智慧城市的建设，提高项目的执行效率，吸引更多的投资，促进技术创新和市场竞争。

最后，要认识到政府在确保数据安全、隐私保护和公平访问等方面的责任。随着大数据、物联网和人工智能等技术在智慧城市中的广泛应用，如何确保数据的安全和隐私成了一个日益突出的问题。对此，政府需要制定和执行相关的法律和政策，确保公民的权利得到保障，同时促进技术的健康发展。确保所有居民都能公平、无障碍地访问智慧城市的资源和服务，也是政府不可回避的责任。

二、建立规范完善的法律法规和政策支撑体系

智慧城市的成功建设和运营离不开一个坚实的法律法规和政策支撑体系。随着科技进步和城市化进程的加速，新的挑战和问题不断浮现，为应对这些挑战，需要有一套完善的法律体系来为城市的转型和升级提供明确的指引。体系应确保各个参与者的权益得到保护，同时明确各方的责任和义务，确保智慧城市建设和运营的顺利进行。

法律和法规是对行为的规范，更是对价值和原则的体现。在智慧城市建设中，法律应确保技术进步与社会进步同步，使之服务于公共利益，而不是单一的经济利益。例如，当数据成为城市发展的关键资源时，如何确保数据的公平使用、保护个人隐私和数据安全等，都需要法律的明确指引。这有助于构建公众的信任，还能引导市场行为，鼓励创新和合作。

除了法律和法规，政策也不容忽视。针对智慧城市建设的特定领域，政府需要制定相应的政策，提供资金支持、税

收优惠、技术研发的激励等，这样的政策导向有助于集中资源，加速关键技术的研发和应用。政策还应注重引导公私合作，充分发挥私营部门的活力，鼓励其参与智慧城市建设。在建立法律法规和政策支撑体系的过程中，还需要注意与国际最佳实践的对接。随着全球化的深入，智慧城市的建设和运营也越来越受到国际因素的影响，引入国际经验，学习其他城市的成功模式，可以帮助我国更好地制定适应本地实际情况的法律和政策。与国际标准接轨也有助于提高城市的国际竞争力，吸引更多的外部投资和合作伙伴。

三、建立配套服务体系

现代的服务体系需要结合多种技术手段来满足多元化、个性化的需求。例如，借助物联网技术，可以实现对城市基础设施的实时监控和管理，确保其稳定运行；利用大数据和云计算技术，可以对海量数据进行快速分析，为决策者提供有力支持；而人工智能和机器学习技术，能够帮助城市更加精准地预测和应对各种情况，从而提高应急响应能力。

除了技术，人与人之间的互动也是服务体系的关键组成部分。借助社交网络和移动应用，居民可以随时随地获得所需的信息和服务，并与政府、企业和其他居民进行交流和合作。这种人与人之间的连接，为城市创造了强大的社区力量，有助于形成更加和谐、活跃的社会环境。

在建立配套服务体系时，需要充分考虑可持续性和包容性。随着城市规模的扩大和人口的增长，服务需求也会不断变化，为确保服务体系的长期有效性，需要进行定期的评估和调整，确保其与城市的发展目标和战略保持一致。此外，也要确保所有居民都能够平等地享受到服务，无论他们的经济状况、文化背景、居住地点如何。

第三节　建立安全体系

一、数据安全与隐私保护

在现代智慧城市的构建中，数据已经上升到了核心地位。随着各种传感器、监控设备和智能系统的广泛部署，城市数据量正在以前所未有的速度增长，这些数据涵盖了交通流量、能源使用、公共健康、市民活动等多个方面，为城市管理者提供了宝贵的决策参考。然而，数据安全和居民隐私保护的问题也日益突出，给城市的正常运行带来了严重威胁。如何在充分利用数据的同时，确保其安全和隐私，成为智慧城市发展的重要课题。

为应对上述挑战，城市管理者需采取一系列有效措施，在数据收集阶段，应明确数据来源和收集范围，避免无关紧要或过度侵入个人隐私的数据采集。在数据存储环节，使用先进的加密技术和防火墙，预防外部攻击和内部泄露。建立多级权限系统，确保数据只能被有权限的人员访问和使用。对于居民个人隐私的保护，除技术手段外，更重要的是建立明确的数据管理和使用政策，明确规定哪些数据可以公开，哪些数据应该受到保护，以及如何处理与第三方的数据交换和分享。通过这种方式，智慧城市可以充分发挥数据的价值，赢得公众的信任和支持，为持续、稳定的发展奠定坚实基础。

二、物理设施的安全管理

智慧城市的高效运转离不开一系列的物理设备，包括但不限于传感器、摄像头、通信设备等，这些设备作为城市智慧化的"眼"和"耳"，实时监测并反馈城市的各种动态信息。无论是交通流量监测，还是公共安全监视，或是环境质量检测，这些设备都发挥着不可或缺的作用。也正因为其重要性，它们往往成为破坏分子或恶意攻击者的目标，一旦这些设备受到破坏或被恶意操纵，可能会对城市的运营造成严重影响，甚至威胁到市民的生命安全。

为确保物理设施的安全和稳定运行，摄像头监控是一个基本且有效的手段，它可以对关键设施进行 24 小时不间断的监视，及时发现并报告任何异常行为。加固设备的物理结构，使其能够抵御恶劣天气、蓄意破坏等外部影响，也是防护的基础工作。再者，定期维护和检查可以确保设备始终处于良好的工作状态，避免因老化或故障而出现的安全隐患。建立专业的快速响应团队也十分必要，一旦发生意外或攻击事件，团队可以迅速介入，采取应急措施，最大限度地减少损失和影响。通过这些综合措施，智慧城市的物理设施得到了全方位的保护，为城市的长远发展提供了坚实的基础。

三、网络与系统防护

智慧城市的核心功能越来越依赖于高度互联的网络和系统，云计算、物联网等先进技术带来了效率和便捷，也为潜在的网络攻击打开了大门。近年来，从简单的拒绝服务攻击到复杂的恶意软件和勒索软件，网络攻击的种类和手法都在不断地演变和升级。当城市的关键服务如交通、电力、水务等受到影响时，后果可谓严重，既可能导致经济损失，也可能影响到市民的正常生活，甚至危及生命安全。

城市管理者可以积极使用防火墙，过滤和阻止恶意流量，确保只有合法和受信任的数据能够进入或离开网络。入侵检测和防御系统则可以实时监控网络活动，通过高级算法和模式识别技术，及时发现并阻止任何可疑或恶意活动。定期进行安全审计，包括系统漏洞扫描、密码策略审查以及员工网络安全培训等，可以确保整个网络环境始终处于最佳的安全状态。备份策略和数据恢复方案也是不可或缺的，尤其在面对勒索软件攻击时，可以快速恢复系统和数据，最大限度地减少损失。

四、人员培训与意识提高

在智慧城市的构建与运营中，技术与设备无疑是支撑的基石，然而，即使先进的技术和健全的系统也会在面对人为疏忽或失误操作时显得脆弱，每一个与智慧城市相关的人员，无论其职责大小，都是城市安全的关键环节。决策者需要了解如何制定和实施安全政策；而运营人员必须时刻警惕，避免因忽略细节或缺乏足够的安全知识而导致的潜在风险。事实上，许多安全事故源于人员的疏忽或对安全风险的低估，而非技术的不足。

定期的安全培训可以帮助人员了解和识别新兴的安全威胁，如社交工程攻击、钓鱼邮件等，并为他们提供必要的工具和策略，以预防这些威胁。除了知识和技能的培训，还需强调安全的重要性，使之深入人心，使每个人都具备一种内在的安全警觉性。在紧急情况发生时，一个受过良好培训的员工往往能够迅速、有效地响应，最大限度地降低风险和损失。

五、应急响应与恢复计划

当安全事件发生时，每一秒都计算在内，延迟可能会导致数据丢失、设备损坏或其他无法预测的损害，因此一个详细且经过深思熟虑的应急响应计划是至关重要的。此计划应涵盖所有可能的安全威胁，并为每种情况提供明确的指导方针，确保在危急时刻，行动迅速、决策明确。为实现这一目标，与各相关部门的密切协作也变得尤为重要，确保所有人员都了解并遵循计划的各个方面。

虽然应急响应的目标是最小化损害并解决安全事件，但确保智慧城市在事件后能够迅速恢复正常运营同样重要，这需要一个细致的恢复计划，涉及数据备份、系统重建、硬件替换等多个环节。更关键的是，恢复计划应当经常更新，以适应技术、策略和威胁模式的快速变化。这样的计划，可以确保城市从当前的危机中恢复，并且能够为未来可能的威胁做好准备，进一步增强城市的韧性和抵御能力。

第五章 新型智慧城市基础设施建设

第一节 网络基础设施建设

一、高速宽带网络发展

在当今信息时代，高速宽带网络已逐渐转化为现代城市发展的关键支撑，就像公路系统连接城市的各个角落，宽带网络也在虚拟世界中建立了这种联系，使数据和信息得以自由流动。日常生活中，无论是居民在线工作、远程教育，还是企业的日常交易和通信，都对网络速度和稳定性提出了更高的要求。高速宽带网络促进了社会的数字化转型，也为经济增长和创新提供了强大的助力。

为了迎合这种对数字化的强烈渴望，城市的网络基础设施建设也正经历着一场革命。例如，早期的有线连接已经逐步被光纤技术替代，这种技术可以提供更快的下载速度和更大的数据传输能力。为确保每一位公民都能享受到高速网络的便利，城市正大量部署无线接入点，覆盖了公共场所，如公园、广场和图书馆，甚至深入了居民的家中。此外，随着5G和其他先进传输技术的出现，数据的传输和处理速度得到了进一步的提升，为各种创新应用打开了大门，包括远程医疗、自动驾驶汽车和虚拟现实应用等。在这样的环境中，智慧城市能够更好地满足公民和企业的需求，为未来的发展奠定坚实的基础。

二、5G 与物联网集成

5G 技术，以其超高的传输速度、低延迟和高容量特性，已成为当今数字化时代的重要里程碑。与传统的 4G 技术相比，5G 提供的高带宽和低延迟性能确保数以亿计的设备能够在同一时间进行实时连接，这种能力特别适合物联网设备，因为它们通常需要在短时间内传输大量数据。不论是一个简单的温度传感器还是一个复杂的自动驾驶汽车，5G 都能为其提供稳定、迅速的网络支持。在此背景下，物联网得以快速发展，从而在众多领域内拓展了其应用范围。

在交通管理中，实时的数据收集和分析能够帮助交通规划者更好地理解城市的流动模式，并据此做出决策，如调整红绿灯的时序或重新规划道路。在能源领域，智能电网和 5G 技术的集成可以确保电力在需要的地方被及时和有效地分配。

而在公共安全方面，与5G连接的物联网摄像头和传感器可以提供实时的监控和分析，帮助城市管理者预测和应对各种风险。总的来说，5G与物联网的结合为城市的日常运营提供了强大的工具，使其在提供公共服务、确保安全和推进创新方面都更加出色。

三、边缘计算与数据中心

在过去，为了进行数据处理和分析，大量数据需要从其生成地被传送到远程的数据中心。但随着技术的进步，边缘计算应运而生，将数据处理的活动转移到数据产生的地方，从而提供更加迅速和高效的服务。这种分布式的计算方式大大减少了对数据中心的压力，并显著降低了由于数据传输导致的网络延迟。在智慧城市的背景下，交通信号可以在几毫秒内调整，安全摄像头能够实时识别可疑活动，以及其他城市设备能够即刻对环境变化做出反应。边缘计算如同城市的敏感神经，允许城市在关键时刻迅速做出决策，增强其对各种突发情况的应对能力。

虽然边缘计算为实时反应提供了强大的支持，数据中心在智慧城市的构建中仍扮演着不可或缺的角色，它们提供了一个集中的平台，用于存储、处理和分析大规模数据集。数据中心通常配备有高性能的计算设备和先进的分析工具，使其能够处理复杂的数据建模和深度学习任务。例如，通过分析城市中收集的各种数据，数据中心可以帮助决策者识别城市发展的长期趋势，预测未来的需求，以及制定相应的政策和策略。作为城市的信息和知识库，数据中心也确保了数据的完整性、安全性和持久性，中心化数据存储和处理机制加强了城市的决策基础，为创新和研究提供了宝贵的资源。

四、普及数字接入

在 21 世纪的信息时代，网络连接已经成为生活中不可或缺的一部分，而公共 Wi-Fi 接入点则如同城市中的桥梁，将各个孤立的"信息岛"连接起来。为公民提供无障碍的网络接入可以提高城市的整体生活品质，有助于消除数字鸿沟，确保每一个人都能够平等地获得信息。例如，学生可以在公园、图书馆或其他公共场所利用这些网络资源完成作业，商务人士可以随时进行远程会议，而旅客则可以轻松找到他们需要的旅游信息。公共 Wi-Fi 接入点还为那些无法负担家庭宽带费用的家庭提供了一个可靠的网络来源，从而使他们也能够享受到数字化所带来的便利。

普及数字接入并不仅是技术和基础设施的问题，更多的是合作和资源整合的问题。城市当局应认识到，单靠政府力量难以满足日益增长的数字需求，私营企业，特别是通信公司和技术提供商，拥有丰富的专业知识和资源，可以帮助城市更快、更高效地部署网络基础设施。例如，某些企业可能会提供免费的 Wi-Fi 接入点，以换取广告或其他商业利益。社区组织，如居民协会和非政府组织，也可以在普及数字接入方面发挥关键作用，其了解社区的真实需求，可以为城市提供宝贵的反馈意见和建议，确保数字资源真正造福于公民。总的来说，通过与各方合作，城市可以创建一个更加包容、公平和创新的数字环境，让每一个公民都能够充分利用数字技术来提高生活质量。

第二节 城市综合管理服务中心建设

一、构建城市运行指标的可视化管理系统

（一）城市运行指标：衡量城市健康的脉搏

城市运行指标作为一种反映城市健康、功能和效率的工具，已经成为城市管理者和决策者的重要参考，这些指标涉及城市的各个方面，包括但不限于交通流量、能源消耗、空气质量、公共服务的利用率等。正确地理解和解释这些数据对于城市的长期规划和日常管理至关重要。然而，大量的数据本身并没有直观的意义，它需要通过某种形式被呈现出来，这就是可视化管理系统的价值所在。

（二）可视化管理系统：城市管理的重要工具

在众多的数据中，如何有效地挑选、整理和展现对城市管理有意义的信息，成了一个巨大的挑战。可视化管理系统

通过图形、图表、地图等方式，将复杂的数字数据转化为直观、易于理解的形式。例如，一幅动态的交通流量地图可以清晰地展示出城市的交通状况，帮助决策者迅速做出决策；一个关于能源消耗的条形图可以揭示出城市的能源使用模式，为能源节约和优化提供线索。图形化的数据展现为决策者提供了有力的工具，也让普通公民能够更容易地理解和参与城市管理。

一个有效的可视化管理系统依赖于其展现形式，也依赖于其背后的数据的真实性和及时性。毕竟，一个基于错误或过时数据的美观图形仍然是没有价值的。因此，确保数据来源的可靠性和数据更新的及时性是至关重要的。使用先进的传感器和数据采集技术，可以确保所收集的数据是准确和实时的，通过数据清洗和验证技术，可以进一步确保数据的质量。只有在这些基础上，可视化管理系统才能真正为城市管理带来价值。

随着信息技术的进步，可视化管理系统是城市管理者的工具，更是城市与公民互动的平台，许多先进的城市已经开始开放其数据和可视化系统，让公民可以直接访问和参与。开放的态度增强了公众对城市管理的信任和支持，还激发了许多社区和企业的创新活动。例如，开发者可以利用开放的交通数据开发新的导航应用，而教育部门可以利用公共服务数据制定更合理的教育政策。这种开放和互动是未来可视化管理系统的发展方向，它将城市、公民和技术紧密地联系在一起，共同塑造一个更智慧、更包容的未来城市。

二、构建跨领域、跨部门的协作指挥系统

（一）提供集中的实时协作环境

面对城市化加速的背景，城市的复杂性和不确定性都在增加，为了应对这种复杂性，提供一个集中的实时协作环境显得至关重要，这样的环境使跨部门和机构的规划、组织、监控和信息分享成为可能。传统的部门间信息隔离现象不仅导致决策滞后，而且可能因为缺乏完整信息而导致错误，但通过集中的协作环境，所有相关数据和事件信息都能在一个共同平台上被处理并展现，使得决策者能够获得一个完整的城市视图，这为紧急情况下的快速响应提供了基础。

（二）实时响应与资源调度

紧急事件的发生总是出其不意，如何在第一时间做出正确反应是城市管理的关键，有了集中的实时协作环境，一旦发生紧急事件，可以迅速呈现出当前的状况，还能将此信息实时传送至各个操作室。这使得指挥人员可以立即评估情况，并进行必要的资源调度。比如，当发生大型交通事故或者突发性的自然灾害时，能够立即派遣救援人员和资源，保证救援效率。实时响应提高了应急处理的速度，更重要的是，它降低了因信息延迟或资源配置不当而导致的风险。

（三）实时沟通与协同决策

实时的信息流动和资源调度只是冰山一角，为了确保紧急事件得到最有效的处理，各个机构负责人之间的即时沟通和协同决策也同样关键。在集中的协作环境中，可以即时审阅事故报告的详情，跨部门、跨机构进行即时沟通，快速达成共识，制订出合适的恢复计划。比如，在一次大型洪水事件中，水务部门、交通部门、救援队伍以及政府机关可以在同一个平台上沟通，确定优先救援区域，调度资源并协同决策。通过这种方式，实时协作能够加快问题的解决速度，降低危机的影响，确保在整个过程中资源的最优配置，使整体救援和恢复工作更为高效和有序。

三、构建城市运行关联业务的评估优化系统

（一）系统的目的与特点

评估优化系统的核心目的是对城市运行的关联业务进行整合、分析并提出优化策略。系统能够整合多个部门或机构的数据，确保信息的完整性与实时性，它还能自动分析这些数据，找出潜在的问题或瓶颈，并为决策者提供参考。系统特点之一是高度自动化，这意味着在数据收集、分析到优化建议的过程中，人工干预较少，确保了分析的客观性与准确性。

（二）系统的功能

1.关联业务的识别与分析

为了更好地优化城市运行，评估优化系统需要能够识别出不同业务之间的关联性。例如，交通管理与环境保护之间存在密切的关系，即交通流量的增加可能导致空气质量下降，而系统能够自动识别这种关系，并据此进行分析，如预测交通流量增加时可能对空气质量产生的影响。通过这种分析，决策者可以在问题发生之前采取预防措施。

2.优化策略的提出与执行

基于对关联业务的分析，评估优化系统还需要为决策者提供具体的优化策略。如果分析显示交通流量增加会对空气质量产生负面影响，系统可能建议在交通高峰时段增加公共交通服务、设置临时车道或提高停车费用以减少私家车出行。系统还应具备执行能力，能够自动将这些建议转化为可执行的行动，并监控执行效果，确保优化策略达到预期效果。

3.持续的反馈与调整

优化城市运行并不是一次性的任务，而是需要持续的努力和调整。评估优化系统应具备持续反馈的功能，能够根据实时数据调整优化策略。如果系统建议的措施未能有效改善空气质量，它应能够自动调整策略，如提议进一步限制车辆出行或加大公共交通的投资。通过持续的反馈与调整，确保城市运行始终保持在最佳状态。

（三）系统的前景与挑战

面对日益复杂的城市运行环境，评估优化系统的重要性日益凸显。然而，实现这一系统仍面临诸多挑战，如数据的整合、分析技术的提升和系统的普及等。但随着技术的发展和城市管理者认识的加深，可以预见，这种系统在未来将在更多城市得到应用，为城市带来更高效、更可持续的运行。

第三节 公共安全管理平台建设

一、公共安全管理平台的构成

城市公共安全管理平台主要由城市公共安全信息平台、城市公共安全业务及监控系统、城市公共安全集成通信系统、城市公共安全监控指挥中心以及由城市内的建筑、社区、企业、单位、公共场所、机场车站、商业网点等综合安防监控系统共同构成，实现"信息交互、网络融合、处置协同"。在城市公共安全、治安管理、抗灾防灾中争取主动和先机，是建立平安城市、和谐城市、智慧城市的基础。

二、公共安全管理平台的功能

（一）实时监测及预警

中央到地方的多种业务和监控系统，如公安视频监控、公安报警联网、公安"三警合一"、公安智能卡口等，现在能够在一个统一的 B/S 与 C/S 结合的平台上实现。这种整合允许对各种系统进行统一的操作、监视、配置、查询和关联控制，还支持城市火警信息的集成以及社会安全信息数据库的集中管理和数据备份。

（二）基于 GIS 电子地图的可视化

通过基于 GIS 的电子地图，城市的多种业务和监控系统可以清晰地展示其监视点和信息点的位置及状态，实时显示各系统的监控状态和报警信息，并且支持各系统之间的实时信息交换、数据共享以及联动控制和功能协调。

（三）高效的信息共享和互动

面对公共安全和反恐事件，信息的迅速流动和更新至关重要。为确保公安、武警、社区、公众以及城市公共安全机构和组织各个行动部门之间的高效协同作战，必须依赖信息的快速采集、交换、整合、分析和共享。数字化公共安全的监视、管理和指挥平台已经实现了这一需求，主要通过采纳现代化的集成技术，如系统集成、信息集成、软件集成和应用集成，从而确保信息交互的流畅性。

（四）全面的网络整合

为了支撑城市公共安全预防体系，网络的全面融合显得尤为重要。现在的目标是确保各种网络，如互联网、电信网、公安专网（包括无线和有线专网）、集群通信网、视频监控图像传输控制网、卫星通信和监测网、移动通信指挥车等，都能够通过城市公共安全信息平台实现相互连接。通过整合，各种网络和通信设备之间可以无缝对接，确保信息的流畅传递。

（五）综合应对与协同管理

当城市面临恐怖袭击或其他重大安全威胁时，资源的共享和协同管理，包括人员、设备和设施，显得尤为关键。公共安全事件的综合应对并不只是一个简单的行动，而是结合了现代化技术，如信息技术、数字化、自动化以及智能化的行动。以新加坡在公共安全事件应对中所展现的能力为例，其协同管理的成功在于多个方面的综合，包括信息分享、移动通信以及迅速而有效的应对措施。有了城市公共安全应用平台的支持，可以轻松实现信息的共享、即时通信、实时监控图像的展示、战术指挥调度和现场管理协同。这样的综合应对有助于控制安全状况，协同地打击犯罪，尽量减少由其造成的损伤和损失。

城市的公共安全监控指挥中心应当基于两大核心平台进

行构建：城市公共安全信息平台和城市公共安全集成通信系统。通过信息平台，可以实现信息的互通、数据共享、警情数据的实时分析与展示、统一的身份验证、实时视频监控图像的管理与处置以及应急指挥预案的管理。通过通信平台，可以确保各种通信手段的互联和设备的无缝连接，这为市公安局、县区公安局和派出所三级的应对协同以及移动单位和各个社会安全监控系统提供了全面的支持，确保了对犯罪行为的远程指挥调度和集中打击。

现代城市公共安全体系已经融入了许多高端技术，如智能视频分析、面部影像的快速匹配、通信设备的即时定位、电信设备的实时查询、通信信息的关联查询和语音分析等技术都已经得到广泛应用。这些前沿技术的使用，使得在公共安全事件的协同管理中，实时性能够达到较高的精度，这对于现场的反恐态势控制至关重要。但同时，这也是公共安全事件的协同管理中的一个挑战，因为如此高的实时性要求在技术和执行上都需要高度的专业性和准确性。

三、公共安全业务应用系统的构建

（一）公安视频监控系统

城市之眼，即公安视频监控系统，持续无间断地洞察着都市的每一个角落。无论是喧嚣的大街，还是宁静的小巷；无论是繁华的商场，还是忙碌的机场和车站，这套系统都如同夜枭般随时捕捉城市中的任何动静。每一次异常，每一次风起云涌，都无法逃脱它的"目光"。公安视频监控系统拥有回溯时间的能力，能够重新浏览过去的图像，为案件侦查提供关键线索，同时能够给潜在的犯罪者形成心理震慑，犯罪者的每一个行动都可能成为他们留下的痕迹。

（二）公安报警联网系统

公安报警联网系统可以被视作城市的感觉器官，通过电话线路触及城市的每一个角落——从大型企业到普通住宅，从公共场所到个人家庭。无论是盗窃、入侵、火警还是其他紧急情况，只要有人发出求助，该系统即时传递警报，快速响应。在国外，这一系统因其高效、经济而广受欢迎，而国内也正在稳步推进其建设与规范化。

（三）公安"三警合一"系统

公安的"三警合一"系统，犹如都市的"听觉"，通过110、120、119等热线电话，汇聚治安、医疗、火灾等多方面的信息。它是捕捉到的各种信息、紧急求助和举报的集散地，更是政府与公民之间沟通的桥梁。未来，预计"三警合一"将与城市的智能管理和应急指挥中心更为紧密地融合在一起，在突发事件中实现各部门的高效协同，在日常生活中提供公众服务和咨询，更好地回应民众的需求与期望。

（四）公安智能卡口系统

公安智能卡口系统，就如同守卫城市大门的先进门禁技术,在都市的重要交通节点,如道路关口、高速公路、车站、机场以及码头,都装备了高清的图像识别摄像机和身份验证装置。人员和车辆经过这些关键节点时,都受到严格的监测、鉴定和审核,当城市出现突发或安全事件,与各个地方的监控系统,如学校、公园和住宅小区的联网使得相关犯罪嫌疑人能被迅速定位和追踪,使城市的安全防范和应急响应更为迅速和精准。

(五)公共安全集成通信指挥调度系统

城市公共安全集成通信指挥调度系统就相当于城市公安机关的大脑,通过它的通信设备和网络建立起城市公共安全信息传递的"桥梁和高速公路"。集成通信指挥调度系统的重要能力就是通过各自独立的通信系统和设备与网络的集成,实现随时随地接收到最新案情和事态的情报与信息,及时、安全、准确地发布指挥、调度和行动的命令。通信系统和设备的集成还有一个重要的作用,就是可以实时整合手机、电话、互联网等各类电信设备使用人员的即时定位、通话或上网时间,通信和网络用户实时跟踪,并进行通信信息关联查询与语音分析等。这些功能对于侦破案件会起到非常重要的支持和帮助作用。

第六章　新型智慧城市居民服务建设

第一节　智慧交通建设

一、智慧交通的功能

智慧交通系统融合了前沿的物联网技术、通信网络、卫星导航、电子控制和计算机技术，为交通运输管理打造了一个实时、精确和高效的综合体系。这种集成的技术应用旨在确保人员、车辆和道路之间的紧密协同，实现交通运输的和谐流动，其核心目标是通过优化这三者的协作，大幅度提升交通效率，确保道路安全，为城市创造一个更加宜居的交通环境，并有效提高能源的使用效率。此系统可以有效推进交通的现代化，还有助于构建更加绿色、可持续的城市交通模式。

智慧交通可以实现以下功能。

（一）更透彻的感知

当代城市的交通系统已经远远超越了传统的定义，成了一个高度集成、智能化的网络，物联网技术是这种转变中的关键驱动力。对于道路感知，传感器这些不起眼的小装置，被嵌入公路、桥梁和交叉口，持续地、实时地监测交通流量，每当小型汽车、公交或货车通过，这些传感器都会捕捉其速度、方向和密度等数据，为交通管理者提供了大量实时数据，确保他们可以做出明智的调整以减少交通拥堵，也为应急响应单位提供了即时的交通信息，使其在紧急情况下能够更迅速地行动。

而在车辆方面，随着技术的进步，现代车辆已经不再是简单的机械设备，它们装备了各种传感器，能够实时监测车辆的工作状态，如油量、胎压、引擎性能等。更重要的是，这些车辆可以实时将其位置、速度和其他关键参数通过互联网和通信网络发送到中央交通系统。无论车辆在何处，只要连接到网络，都可以成为交通监控系统的一部分，共同为整个城市创造一个流畅、安全和高效的交通环境。

（二）更全面的互联互通

交通系统的有效性取决于后台的高速、智能的数据处理和传输网络。在这方面，云计算和互联网技术赋予了交通系统一个"大脑",使其具有前所未有的决策能力。基于云计算平台,大量的交通数据实时地被收集、存储、处理和分析。不同的数据源,如道路传感器、车载系统、公共交通系统等,都可以在这个统一的平台上相互交流。集成化的数据处理方式使得交通管理者能够从一个更高的角度审视交通状况,从而做出更加明智和迅速的决策。

当谈及全面的互联互通,它包括了数据的流动以及对这些数据的深入分析和预测。先进的算法和模型在云端对交通数据进行计算,预测在特定时间和地点可能出现的交通状况,甚至可以模拟不同的交通策略所带来的结果,这为城市规划者提供了一个强大的工具,帮助他们预测和解决交通瓶颈,确保交通流动性。在这种设置下,无论是城市的主干道还是小巷,都能得到最大化的交通流量,实现真正的高效和畅通。

(三)更深入的智能化

智能交通基础设施,如智能交通灯、智能停车系统和自动驾驶车辆,正在重新定义城市的运输网,这些系统利用大数据、传感器技术和人工智能进行决策,以优化交通流量,减少拥堵,提高效率。例如,智能交通灯可以实时感知交通流量,自动调整红绿灯时长,确保高流量的道路得到更多的通行时间。同样,自动驾驶车辆可以与其他车辆和基础设施进行通信,确保车辆得到更平稳、更安全的驾驶,这减少了事故和交通违规,还为用户提供了更舒适、更快速的出行体验。智能化的交通系统是对传统方法的一次升级，它将传统的基础设施与先进的技术相结合，确保城市的流动性，同时提高市民的生活品质。

二、智慧城市中的智慧交通系统

（一）车辆统一监管与服务平台

为进一步规范车辆监控管理，确保综合信息服务的顺畅推进，各类车辆信息应被整合至监管与服务平台，提升行业的管理质量。此平台应确保政府机构、交通管理者、运输企业及车主都能从中受益。这样的监管与服务平台，基于物联网技术并主要使用移动通信网络，利用 GNSS 监控系统结合浮动车技术来实时观测城市路网的运行状况，所提供的信息服务覆盖车辆位置、移动轨迹和行驶速度等。在此智慧交通体系中，车辆监管与服务平台应包括多个子系统，如旅游车辆、长距离客车、物流运输车、出租车和公交车等。

（二）交通智能引导系统

物联网技术为交通智能引导系统的建立提供了基础，这样的系统能通过交通信息管理平台全面收集交通相关的原始数据，包括实时的交通流动情况和可用停车位信息。经过数据处理后，该信息可以通过各种设备传递，为驾驶员提供他们关心的实时信息，如最佳行驶路线和空闲的停车位。在室内停车场，还可支持预约车位功能。交通智能引导系统的目的在于全面收集交通行为信息，并通过手机应用、短信和呼叫中心等多种方式进行广播和传播，旨在方便公众并减少交通拥堵，为公众提供更高效的出行服务。

（三）实时动态交通信息服务系统

动态交通信息实时服务系统，借助现代信息技术而构建，旨在充分发挥道路资源的潜能，提高道路的使用效率并缓解交通的拥堵问题。该系统推动人、车和道路达到一体化的协同，不再是被动的反应。通过收集和处理交通信息，驾驶者可在启程之前或在行驶中，利用多种设备掌握实时交通动态。该系统也为交通管理部门提供有关各路段交通流动的细节，更为高效地追踪和发布动态信息，这也有助于全面提高交通网络的整体通行效率。

（四）数据安全系统

在构建智慧交通系统的过程中，数据安全始终是首要的关注点，在整个系统的建设和操作中，四个关键的安全层面需要被确保：应用安全、系统安全、数据安全和网络安全。对于应用层，它主要面向最终用户，因此需要实施如访问控制、协议调整和数据加密等多种安全策略。在系统层面，主要目标是增强核心软件，如操作系统、数据库和中间件的安全性。对于网络层，为了确保物联网生成的数据安全传输，采用国产加密算法，并通过互联网进行数据的共享和融合。

而在数据层，考虑到数据的关键性，创建专门的智慧交通云平台，进行软件部署、数据存储和备份，并在此基础上进行严格的网络安全设计。

总的来说，随着我国科技能力的进步，交通领域也取得了明显的突破。虽然现代城市的交通系统仍然面临一系列挑战，但为了推动都市发展和交通可持续发展，我国的主要城市逐渐采用智慧交通系统，尤其在物联网技术的推动下，智慧交通系统得到了不断的优化和完善，为整个交通领域的繁荣和进步做出了重要贡献。利用现代通信技术，如移动网络和物联网，既可以使道路资源得到最大化的使用，还为人们的日常出行提供了更为精确和有益的指导，确保了我国交通领域持续、健康地发展。

三、智慧交通系统建设保障

（一）组织保障

智慧交通系统的构建和发展，涉及众多政府部门，为确保各部门间流畅的交流和协同，提议成立一个名为"智慧交通发展领导团队"。该团队将担任智慧交通系统的整体规划、政策梳理、标准制定以及资金管理等关键职责。建议设立的"智慧交通咨询团队"成员由政府、高等教育机构以及研究单位的专家组成，专门进行项目的可行性研究、技术评估、项目监测、验收与效益评估等，确保智慧交通项目的高质量建设与投资回报。

（二）政策法规保障

智慧交通系统的成功发展依赖于强有力的政策和法规背景，为此，需要建立一个与智慧交通发展同步的管理体制，明晰各管理部门的职责、优化工作流程、确立信息资源的交换与共享方式，并加强信息资料的开发与管理。此外，建立健全的网络与信息安全措施也至关重要。制定并实施必要的支持政策，能够为智慧交通建设提供持续的政策稳定性。法规方面，有必要制定与智慧交通相关的规章制度，使其具备法律依据，确保所有相关活动都得到充分的法律保护。

（三）资金保障

智慧交通系统的长期稳健发展离不开充足的资金支持，政府部门在此方面的投入对于项目的成功至关重要。确保资金来源的稳定性是实施智慧交通计划的基石。为保障智慧交通项目有持续且稳定的资金支持，并吸引更多的关注，提议成立专为智慧交通系统建设而设的专项资金，鼓励寻找多种资金筹集方式，制定鼓励智慧交通发展的投融资策略，并逐渐将投资者主体与投资方式多元化，鼓励更多的企业和社会力量共同参与投资。

第二节　智慧社区建设

一、智慧社区基础设施建设

（一）基础配套设施打造

为实现智慧社区的构建，基础配套的打造尤为关键，这涉及基础硬件环境的配置、核心数据库的搭建，以及技术标准、政策框架和保障机制的建立。在智慧社区的背景下，物联网和网络设施的配备显得尤为重要。对于物联网的实施，需要部署一系列的感知设备，确保传感网的可靠性和安全性，为后续的智慧服务提供稳定的支撑。

（二）网络与传输平台打造

在打造智慧社区的过程中，一个稳定且高效的网络支撑体系是不可或缺的。在当前城域网技术的基石上，应当加强无线宽带、数据通信、有线电视网络的建设，使之成为智慧社区信息传输和共享的关键通道。此外，应将光纤引入每一户，同时整合"三网"（电信网、计算机网、有线电视网），以满足对高带宽、大数据量处理和多网络协同工作的需求。未来，智慧社区应朝构建泛在网的方向发展，使得社区居民和服务在任何时刻、任何地点以任何形式都能实现信息的交流和应用。当前，应大力推进 Wi-Fi 的普及，以及建立社区的移动网络体系，使之能够达到 4G 或更高的网络水准。

（三）应用与管理平台建设

要真正实现智慧社区的愿景，既需要强大的基础设施支持，还需要建立一系列应用和管理平台。市区级别的管理平台应被创建，为社区的各种应用系统提供支撑，包括但不限于物业服务管理信息系统、社区人口管理信息系统等，它们都将对智慧社区的日常运营起到至关重要的作用。

二、智慧社区统筹公共服务

（一）智慧城市社会创新管理延伸体系

智慧城市社会创新管理应用架构如图 6-1 所示。

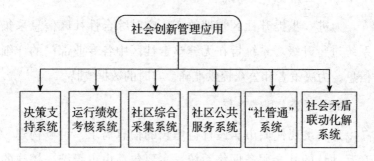

图 6-1　智慧城市社会创新管理应用架构

1.决策支持系统

当今的城市管理需求依赖于大量的数据，从人口统计到办公资料，通过对这些数据进行综合统计和深入分析，利用图表和曲线的形式，可以生动地展示城市的发展态势。这不是数据的简单呈现，而是对城市管理与服务模式、特性及趋势的探索。有了这种深入的数据洞察力，可以更加精准地进行动态预测和预警，为市政领导在决策过程中提供有力的数据支持。

2.运行绩效考核系统

为了提升城市的管理效率和公共服务水平，引入了运行绩效考核系统。运行绩效考核系统应当遵循现代管理理念，充分利用先进的信息技术。它能够动态地展现各项业务的执行轨迹，并根据实时数据进行考核和评估，保证管理工作的持续创新和卓越性。

3.社区综合采集系统

为进一步提升社区管理效率，应对综合性社区信息采集系统进行升级。系统旨在无缝整合社区中各专业部门的详细信息，为决策者和公众提供准确、实时的数据支持。

4.社区公共服务系统

为满足现代城市居民日益增长的信息需求，可以构建一套互动性的社会服务网络系统，主要包括由市级统一搭建的公共服务在线平台，以及为各个社区定制的子站点。这些网站在设计和构建时，都遵循统一的规划和标准，旨在通过网络将各社区紧密联系，进而促进社区成员之间的沟通和互动。这增进了社区之间的联系，更为居民提供了获取各种实用信息（如政府通告、商业信息、公益活动等）的渠道。通过整合各类社会资源，该网络系统还能向社区居民提供各种便捷服务，增强他们的幸福感。

5."社管通"系统

现代社区管理需要便捷、高效的信息传递工具。为此，可以推出"社管通"手机系统，主要为社区网格员提供服务。此款应用允许网格员将其在工作区域内遇到的各种问题快速、方便地向信息中心进行反馈。利用移动设备的便携性，系统可以实时上传文本、图片、音频和位置等信息，确保管理部门能够迅速响应和处理这些问题。为使其更为符合现代社区管理的需求，可以对"社管通"系统进行进一步的完善和升级，使其在功能和用户体验上都达到更高的标准。

6.社会矛盾联动化解系统

社会的复杂性经常导致各种矛盾的产生，为了有效处理这些矛盾，一套完善并不断升级的社会矛盾联动化解系统得以构建。该系统依靠矛盾排查、化解、工作运行及监督考核等多重机制，旨在确保每一社区能够全面了解社情，掌握所有潜在或明显的社会矛盾。系统的核心目标是确保社区内的小问题得到及时解决，较大的问题在街道内得到处理，无须上升到更高的行政级别，确保社会的和谐与稳定。

（二）便民健康服务应用建设

社区健康服务应用的建设目标是创建一个以电子病历为支撑、以居民健康档案为中心的医疗健康平台。通过设定区域性的数据中心，平台旨在将电子病历与健康档案信息统一管理。基于此，平台将推出一系列健康服务应用系统，如健康驿站、双向转诊和健康自助门户。

该医疗健康平台的关键技术与工作内容可以分为以下部分。

1.全生命周期的医疗健康服务体系

针对医疗机构、公共卫生组织、管理部门及社区服务机构等不同群体，构筑一个每时每刻都监测的、伴随一生的医疗健康服务体系。体系围绕社区居民展开，以其电子健康档案为核心，以医疗服务为主导，并强调健康管理，旨在为社区居民提供无缝连接、随时可用的医疗健康服务。

2.全方位社区健康自助服务

在各大医院和社区健康中心部署健康驿站，并与医院的健康管理中心紧密结合，为社区工作人员和居民提供自我健康管理工具。这套工具能实现健康信息的自助采集、评估、追踪和查询，还能提供健康服务的专业指导和监督。居民可以通过此系统，获得更为健康、科学的饮食养生和运动保健建议。

3.可视化的资源查询与展示

通过与社区的综合服务信息系统和门户网站相结合，充分发挥平台和驿站在信息化和标准化方面的优势，利用社区首诊的便利性，进行医疗信息、健康信息和宣传信息的实时发布。同时，还能对个人健康档案进行深入的查询和管理。

4. 立体化的双向转诊服务

通过与社区居民所在的医保定点医院和社区健康服务站合作，推进医疗机构间及医疗机构与社区间的综合合作，实现立体、一体化的双向转诊服务。这种转诊服务可以满足"轻微疾病在社区治疗、严重疾病在医院治疗、病后康复返回社区、持续健康管理进入家庭"的理念，确保居民能够充分体验到社区首诊和社区康复的便利。

（三）智慧社区养老

智慧社区养老的理念源自结合和升级现行的机构养老、社区养老和居家养老的经典养老模式。这种新型的模式，更多地体现在养老服务、技术应用和管理策略的创新探索上，其主要目标是融合各类养老资源，使得养老服务在信息技术方面达到更高的水准。

在构建社区养老站的过程中，社区养老与居家养老应相互结合，形成一个协同工作的系统，以便为老年人提供便捷的一键养老服务热线和紧急救助呼叫系统，确保其在紧急情况下能够快速获得援助。专为老年人设计的养老综合信息服务平台可以实时满足他们的需求。例如，配备的身体传感器能够在关键时刻发出自动报警，而该信息平台则可以智能地为老年人预约和安排社区养老服务站的各类活动，并实时更新娱乐活动信息。

更为先进的是，智慧社区养老还构建了一个全面的居家养老服务体系。通过采用物联网技术，这一体系能够持续监测老年人的生活状态，确保对他们的每日起居活动给予足够的关注。贴身的传感器可以实时跟踪老年人的日常行为和移动轨迹，确保他们的安全，还可以在需要的时候，如在用药时刻，为老年人发送提醒。而家用智能洁身机器人则确保了卧床老人的日常卫生需求得到满足，并在为老年人提供高质量的服务的同时，确保了他们的尊严得到尊重。

（四）智慧社区安保

借助前沿的安全技术和智能分析手段，智慧社区安保旨在主动察觉和避免安全隐患，其安全警报服务确保了居民在第一时间收到安全通知。在智慧社区，城市内的各个社区都构建联合的安保系统，将社区的安保机制和数据库视为建立智慧城市安全体系的基石。智慧社区安保为区域和城市级别的公安机关提供了一个平台，可查询社区安保的数据库和使用其安保设备，为公安机关的侦查工作和城市的安全管理提供有力的支撑。

（五）智慧社区环境保护

智慧社区注重环境的可持续性，因此可以在社区及其周边建立一套环境监测系统，涵盖水源、噪声、空气和垃圾等方面。这些实时的监测数据会在社区和综合平台上进行公示。

设立一个便于居民反映环境问题的投诉平台，能够为城市环境的持续管理和改进提供实际数据支持。

（六）智慧社区便捷出行体系

为了使出行更加方便，智慧社区可以建立一个从社区住户家中到社区停车场的一站式交通服务系统，包括家庭的公共交通查询终端、预订功能、楼宇的电梯预约服务和社区的智能门禁系统。社区的公共交通服务站可进一步提供如出租车预约和公共交通行车预报等服务，这样，无论是乘坐公共交通还是驾车，居民都能享受到流畅和便捷的出行体验。通过家庭、社区和车载的实时路况反馈与查询功能，以及社区的车辆服务体系和无停车系统，可以确保驾驶出行的顺畅。

三、智慧社区的内部管理与服务

（一）智慧社区物业管理

智慧社区物业管理采纳现代技术的优势，实现对社区建筑和物业设施的自动化监控与集中管理。为提高管理效率和透明度，业主信息和工程文件资料都进行集中化管理与分析。在此之上，通过应用三维技术，可以构建一个全面、立体的智能物业管理平台，包括远程抄表、自动缴费提醒、自助支付功能、基础设施的实时监控、自动报警及保护等综合服务，大大简化了日常的物业管理过程，确保生活的便捷与安全。

为满足更高层次的需求，还可加入特色化的服务，如电梯预定、指纹识别进出以及无须停车的入口管理。

（二）智慧社区电子商务

智慧社区也不可忽略电子商务的巨大潜力，可建立一个社区电子商务平台，它能集中展示社区附近及城市内的各种商务、交易、金融活动信息。居民可以在此平台上享受在线购物、电子交易、电子支付等功能，更为便捷地获取商品和服务。为增强用户体验，平台还可提供上门或货物送至社区的配送服务，满足居民的多样化需求。

（三）智慧社区家政

为满足社区居民对高效、高质量的可靠的家政服务的需求，智慧社区可构建一个统一的家政信息服务平台。平台可以将提供的家政服务进行细致的分类，并对每项服务的流程和价格进行规范化处理，通过公开家政服务人员的健康状况、培训经历及其他相关信息，可以保障服务的透明性和居民的安全性。平台还可为居民提供便捷的预约和反馈机制。而在管理层面，家政平台运用智能排班技术，实时追踪服务人员的行程，确保用户的等待时间最小化。此外，对用户的偏好进行深入分析，洞察出其潜在需求，可为其提供更为个性化的家政服务。

四、智慧社区家居生活

智能家居系统是一个综合性的系统，包括对灯光、窗帘、背景音乐的控制，以及可视对讲、安防报警和家电的集中管理。核心技术采用总线技术，此技术将家中的通信工具、日常家电和各种安全装置整合，实现高度自动化的家居体验。用户可以利用远程控制或自动感应等多种方式进行操作，以达到生活中的舒适、安全和效率最大化。

此外，数字家庭功能可以为居家提供丰富的娱乐和信息选项，如可以在线浏览展览，提供一种全新的家庭文化体验。而专为家庭设计的健康设备，更是使得家居者能够随时掌握自己的健康数据，即使在没有医生的监督下也能及时了解身体情况。这一系统可以彻底改变现代居家的定义，为居民带来未来感的生活体验。

五、智慧社区的建设运营模式

智慧社区项目属于准经营或纯经营性项目，公益性较强，企业参与的热情较高，可以充分考虑利用社会资金开展智慧社区建设。智慧城市建设运营模式选择参数如表6-1所示。

表6-1　智慧城市建设运营模式选择参数表

项目	纯经营性	准经营性	非经营性	公共物品	私人物品	准公共物品	公益性	保密性	系统性	建设运营模式
基础设施建设		√				√	强	弱	弱	BOO
六大应用系统	√					√	强	弱	弱	政府引导市场化运作
两大体系			√	√			强	弱	弱	政府主导企业参与

第三节　智慧医疗建设

一、智慧医疗的定义

智慧医疗是指通过医疗卫生对象的感知，医疗保健流程的标准化处置，以互联互通技术实现对象和流程的绑定，实现对象、行为流程的全过程标准化管理，以达到提高医疗保健安全和医疗保健质量的目标。它具有互联、协作、预防、普及、创新、可靠的特点。

二、智慧医疗服务模式的发展需求

医学领域的进步与技术的发展共同推动了医疗服务的革新，通过服务整合和智慧医疗技术的升级，现代医疗服务正在朝着更安全、高效、以病患为核心、及时响应和公正性的方向迈进。智慧医疗在疾病诊断和治疗中的应用，也是基于这些核心价值来进行的。在确保疾病诊治的安全性和有效性方面，主要涉及药品使用的安全性、医疗设备的可靠性及患者的隐私保护。随着医疗联盟模式的稳定运行，可以预见，基层医疗机构的能力会得到明显提升，医疗设备的配置和技术也会大幅进步。当提到"以病患为中心"，这意味着更多关注患者的就医的整个过程，从其出行、诊疗到费用报销，都应简便快捷。考虑病患的经济实力和降低医疗费用也是智慧医疗追求的方向。此外，高效、快速的医疗响应系统，尤其在应对突发医疗事件或公共卫生紧急情况时，显得尤为关键。

但智慧医疗除关注疾病的治疗外，更重视疾病的预防和健康的维护。在疾病预防和监测上，智慧医疗也扮演着至关重要的角色。随着中国经济的飞速发展，人们对健康的期望也随之上升，但环境污染和其他安全隐患也给公众健康带来了挑战。同时，中国正在面临人口老龄化的问题，老年人群中的常见慢性疾病，如高血压和心脏病，已成为社会的重担。

智慧医疗在此背景下，可以为老年患者提供更加精确的诊疗服务，还可以对疾病进行有效的预防和监控，缓解医疗系统的压力。

三、智慧医疗的功能

智慧医疗主要有三大功能，如图 6-2 所示。

1
信息保存的完整性
2
信息传递的共享性
3
信息处理的智能性

图 6-2　智慧医疗的功能

（一）信息保存的完整性

智慧医疗结合了最新的传感器技术、物联网和云计算，在信息采集方面做到了前所未有的精准度。这些技术使得智慧医疗信息平台可以高效地收集和汇总真实且完整的医疗信息，当这些数据被汇集后，智慧医疗的先进技术确保它们被有条理地整合和存储。拥有完整的信息数据对两方都是有益的：对于个人来说，他们可以更好地了解自己的健康状况；对于医疗机构，这些信息成为提升其诊断和治疗能力的重要支撑。处理这些信息的智慧医疗技术也具备出色的安全性，能够确保数据的安全性和隐私性。

任何尝试查询、使用或传输这些数据的行为都需要经过相应的授权。这些授权策略和其他安全措施共同确保了平台中存储的信息始终处于安全和受保护的状态。总的来说，智慧医疗技术是在医疗领域中采集和处理数据的一个创新，并且它还确保了这些数据的完整性、安全性和可靠性。

（二）信息传递的共享性

智慧医疗的核心在于对收集的信息和数据的深度应用，从而推动医疗服务标准的不断升级。它聚合了来自多个领域和渠道的细致信息，致力为医疗机构和患者打破信息不对称的局限，超越那些由各自独立的医疗机构造成的信息孤岛。这样的集成努力确保了各医疗机构的服务信息和数据能得到合理应用，医疗机构与患者都可以更便利地访问和利用这些信息，既节约了经济开支，又提供了高品质和高效率的医疗服务。智慧医疗的这一特点使得远程会诊变得可能，无论是城市还是农村，每一次的诊疗数据都被完整地保存下来。数据的共享简化了医疗机构间的协作流程，为缓解医疗资源分布的不平衡问题提供了有效的解决方案。

（三）信息处理的智能性

传统医疗常常依赖于医生的主观经验来做出治疗判断，这在某种程度上限制了治疗的准确性。然而，智慧医疗透过长时间累积的个人医疗数据，利用大数据分析和云计算技术来进行决策，为医疗机构提供了更为客观和科学的治疗建议。它深入地分析并挖掘收集到的信息，借助对各类样本的比较、筛选和深度处理，为医疗机构的合作和治疗决策提供了坚实的依据。智能化的处理方式强化了医疗机构间的协同效应，也为医学研究注入了新的活力，有利于推动整个医疗卫生领域健康、稳定地前进。

四、智慧医疗模式的构建

（一）构建原则

1.智能性原则

智能性意味着通过高度的技术集成，实现对医疗数据的深入分析和理解，为患者提供更为精确、个性化的医疗方案，涉及利用先进的大数据分析、人工智能以及机器学习技术，将分散的医疗信息整合成有意义的知识，进而为临床决策提供支持。智能性包括数据的收集和分析，并将这些数据转化为实际的医疗行动，确保每一个决策都基于详尽、准确的信息。

智能性原则还强调对未来医疗需求的预测和对资源的合理分配，在临床实践中，能够预测患者的需求并提前进行规划，可以大大提高医疗效率，减少不必要的资源浪费。这也涉及对医疗流程的持续优化，确保患者在每一个环节都得到及时、高效的服务。

2. 协同创值原则

在智慧医疗模式的建构中，协同创值原则突出了不同参与者之间的协作与交流，以共同产生更大的价值。这是医疗机构和患者之间的互动，也是医疗技术供应商、研究机构和政府部门之间的合作。每个参与者都带来其独特的资源和知识，通过共同协作来推动医疗服务的创新与提升。协同创值更进一步意味着将患者纳入服务的中心，允许他们参与决策过程，确保他们的需求和期望得到满足。它还鼓励跨学科的合作，如生物学家、技术专家和临床医生共同探讨，从多个角度出发，为问题找到解决方案。这种多方共同参与的方式加速了医疗技术的研发和应用，确保了患者能够得到更高质量和更具针对性的医疗服务。

3. 系统性原则

系统性原则强调，智慧医疗不是独立的技术或应用的集成，而是一个完整、互联的系统，涵盖了从病人的初诊到康复治疗的全过程。这要求每一个环节、每一个部分都能够紧密协同，确保信息流动无阻，资源最优化利用，以便为患者提供连贯、高效和高质量的医疗服务。从技术、数据、流程到人员培训，系统性原则要求所有这些要素都以整体的方式进行组织和管理。例如，从电子病历的采集到医疗影像的解读，再到医疗方案的制定和实施，都需要在一个统一、协同的框架下进行。该原则还强调跨部门、跨学科的合作，确保从不同的角度和专业知识出发，为患者提供全方位的关怀和服务。因此，系统性原则提高了医疗服务的效率和品质，确保了患者在整个治疗过程中得到周到、个性化的服务。

4.个性化需求原则

个性化需求原则突出了每个患者都是独特的，他们的医疗需求、身体状况、生活习惯、遗传背景以及文化信仰都有所不同，智慧医疗模式必须能够识别和满足每个患者的个性化需求，以提供真正意义上的定制化治疗和关怀。

个性化需求原则强调利用先进的技术和数据分析，为患者提供精准医疗服务。例如，通过基因测序和生物信息学分析，医生可以对病人的遗传特性有深入的了解，制定出更为合适的治疗方案。同样，利用大数据和人工智能技术，医疗机构可以更准确地预测患者的疾病进展和治疗效果，为患者提供更加合理的医疗建议。个性化需求原则还意味着医疗机构应该尊重患者的文化和信仰，为他们提供与其背景和偏好相匹配的医疗服务，确保每位患者都能在智慧医疗的环境中得到最佳的关怀和治疗。

（二）构建内容

1.构建智慧医疗信息共享中心

智慧医疗信息共享中心的设计始于用户的医疗和健康档案资源库。这些珍贵的信息源得到了进一步的丰富，因为它们结合了来自多个医疗机构的设备和终端数据以及其他相关机构的资料。经过信息数据的精心整合，它们形成了一个综合性的智慧医疗信息共享平台。集中的共享系统确保了数据的全面性，使得信息传递和查询变得更加便捷。共享中心还为地区性的医疗服务提升、医疗费用控制、公共卫生政策决策以及健康预防和管理提供了坚实的数据基础。

2.构建智慧医疗应用中心

依靠物联网和云计算技术的力量，智慧医疗应用中心应运而生，旨在为平台用户提供有指导性的服务。在这里，医疗机构和医护人员可以获取用户的完整信息和数据，并接收可供参考的诊疗建议，这对于提升医疗服务质量大有裨益。对用户来说，高效且经济实惠的智慧医疗服务应用系统能解决就医的难题，如体验不佳、费用高昂等问题。

智慧医疗应用中心也具备在线导诊的功能。通过网站和合作平台，用户可以更好地了解各医疗机构的背景、专长、专家信息以及医疗设施等，以便做出更明智的选择并减少不必要的咨询。应用中心提供在线挂号和支付服务，实现了精确的预约和自动结算，避免了排长队的情况，提高了用户满意度，还降低了医疗机构的管理费用。

智慧医疗应用中心还能够提供远程医疗服务，使用户可以在家或其他地方，通过音视频交流，享受医疗咨询、远程会诊和转诊合作等服务。这种方式不仅使用户获得了丰富的优质医疗资源，还提高了医疗效率，有效地解决了医疗资源分布不均的问题。

（三）构建策略

1. 制定信息共享标准，促进信息资源共享

智慧医疗模式的成功运作需要医疗机构这些直接的受益者，也需要如银行和技术支持机构这样的间接受益者。为了确保这些多方面的参与者协同发展，建立一个公共服务网络链至关重要，而中心在于制定和遵循一致的信息共享标准，确保在这种公共服务网络中信息能够畅通无阻地共享。

信息共享标准的深度不局限于物联网技术层面，如如何在不同的系统架构中安全、有效地传输和交换数据，也涵盖了智慧医疗模式服务所涉及的卫生信息和服务标准。目前的问题是，尽管各个机构都在努力实现信息化，但其行动往往是孤立的，导致所谓的"信息孤岛"，使得数据共享变得困难。为了给智慧医疗模式的持续和稳定发展打下坚实基础，制定统一的信息标准显得尤为关键，因此既要满足技术需求，还要在更大程度上考虑如何最大化地利用公共医疗资源，如何在智慧医疗模式的整体发展中协调各方的责任与利益，以确保信息资源的共享。

2. 全面打造智慧医疗模式，服务产业链

对于企业，要在市场化和规模化的道路上取得成功，构建完整的产业链是关键。对于智慧医疗模式，也不例外，要在基层的公共医疗服务上，融入更多的商业化和市场化元素，以驱动智慧医疗模式的规模化发展。这一产业链涵盖了各种参与者，从医疗机构和科研院所，到政府部门、相关事业单

位、网络服务开发商，乃至第三方服务机构和相关企业。随着智慧医疗模式的不断优化和推广，更多的大型企业必然会看到其潜在的价值，进而投资于这一新兴领域。他们可以帮助规划和建立共性服务平台，并促进整个产业链的和谐、共赢发展，形成一个健康的生态系统。

第七章　新型智慧城市建设的社会风险分析与防范对策

第一节　社会主体风险及建设阶段风险

一、社会主体风险

（一）公民素质有待整体提升

智慧城市建设建立在"智慧市民"这一基石上，这种城市的构想涉及拥有丰富的知识、创新能力和学习意愿的公民，他们能够在这种智能环境中流畅地生活，并完全适应智能化的生活方式。然而，公民素质的不均衡发展可能为智慧城市的完整实现带来风险。

1. 公民的科学与文化素养影响对智慧技术的适应性

城市中的居民拥有不同的文化和教育背景，他们对新兴技术的接受度也各不相同。例如，某些年纪较大或教育背景较低的市民可能不太了解持续更新的信息技术，更不要说熟练操作各种先进的人工智能设备了。如果智慧技术被广泛地嵌入公众的日常生活和社会服务，这部分人口可能会感到难以适应，从而遇到生活和工作上的困境。这样的情况可能使他们对智慧城市持有疑虑，还可能导致他们对这一概念的需求减少，甚至反对其进一步发展。

2. 公民对规则的意识影响智慧城市的秩序

智慧城市的顶层设计旨在为城市空间中的每个人和事物提供公平对待，创建一个严格的规则体系和社会秩序，期望每个人都能够按照既定的规则行事。但现实中，公民的规则意识各有不同，这直接决定了他们是否会积极配合这一体系。一些城市，无论是历史悠久的古城还是现代的国际都市，都受到了市民规则意识强弱的直接影响，与城市规则体系的完善程度密切相关。

（二）人才薄弱风险

智慧城市如同一座高楼，需要扎实的基石来支撑其高耸入云的构造，在这个比喻中，那坚固的基石便是人才。事实上，人才是实现智慧城市愿景的最核心的要素，他们是这座"高楼"的设计师、建筑师，甚至还是日后的维护者。若缺乏相应的人才保障，智慧城市的宏大构想可能仅停留在纸上。

面对如此庞大的一个项目，智慧城市涉及的技术链之复杂、所需的人才种类之多样，确实令人望而生畏。信息技术、物联网、云计算等领域的专家和技术人才成为这一建设中的稀缺资源。伴随智慧城市的构建，一系列新的产业链也将应运而生，从产品的设计开发到终端应用服务，人力资源的需求呈现出爆发式增长。

面对这种巨大的需求，现有的人才培养体系仍在摸索中，虽然有意图构建一个全方位、包容性的人才培养体系，包括高校、企业、培训机构的联动，但要使之长效、可持续且高效运转，显然还需要更多的努力和时间。智慧城市建设需要一种多样化、多层次的人才结构，除了那些深耕于特定领域的专家，复合型、跨领域的人才同样不可或缺。如何妥善地调配这些人才，让他们能够在自己擅长的领域中充分发挥，无疑也是一个亟待解决的问题。

（三）管理者决策偏差风险

智慧城市建设的背后隐藏着一个清晰的轮廓，那就是一系列决策与实施的纠结，每一个决策都是经过精心筹划，吸取反馈，再走向下一个决策的旅程。在这连续的旅程中，管理者面临的是一个充满了挑战和不确定性的路程，当谈到与智慧城市相关的决策时，这种复杂性意味着有风险的存在。

决策的风险之一便是如何理解和定义"智慧城市"。虽然"智慧城市"这一词语已在我国城市发展中出现，但它并没有经过彻底独立的探讨，其起源和推广部分受到 IBM "中国智慧城市"白皮书的影响，引发了我国的智慧城市研究热潮。这种情境下，我国对智慧城市的认识很大程度上是受 IBM 的描述和框架的引导。但当各个城市试图揭示智慧城市的实质，并探求其在城市发展中的真正意义时，问题也随之浮现。例如，智慧城市可以为当前的城市发展提供哪些实际助益？如何通过智慧城市解决城市建设中的问题，推动经济增长，或者提高就业率？这些都是关键的议题。然而，现实中的情况是，智慧城市的核心价值和理念似乎并未得到深入的探讨，更多的规划实际上聚焦于智能产业的发展或智能基础设施的建设。随着时间的推进，智慧城市的建设更多地成了技术升级、信息产业扩张和基础设施建设的代名词。这种情况下，传统的数字城市和城市信息化规划与当前所谓的智慧城市建设似乎区别并不明显，这是否意味着智慧城市仅仅是数字城市和城市信息化的自然演进？

城市管理者经验的不足可诱发一些决策的误区。目前，我国正努力发展智慧城市，但其建设阶段仍相对初级，在寻找灵感和方向时，多数管理者和规划师选择参考了像 IBM 这样的先行者所留下的经验和模式，这种方法的背后风险是可能导致各城市在智慧城市建设中的过度模仿，从而限制城市独特性的展现，也可能威胁到原有的文化遗产。与此同时，当众多城市沿着相似的道路前行，对同一产业或领域的过度关注可能导致资源的冗余和恶性竞争。而决策支持系统的局限性会进一步增加管理者面临的不确定性，使得在决策过程中避免误判变得更为困难。

二、建设阶段风险

（一）规划计划阶段

1. 信赖与需求的挑战

智慧城市建设运用的现代技术，如物联网和云计算的广泛应用，虽为许多城市活动的参与者带来了便捷的体验，但仍有一部分人群对其抱有疑虑。在"技术能量论"的讨论中，智慧城市的建设理念及其能否真正解决城市问题成为一些人的担忧，这种担忧可能导致关键的利益相关者，如城市政府和企业，在智慧城市的投资和资源分配上持观望态度。如果城市的主要行动者对智慧城市的建设持有保留或疑虑的态度，那么即使一些项目得到批准，它们的成功概率也会降低。

2. 目标实现的挑战

智慧城市建设的宏大愿景涉及城市的众多方面，从政府公共服务、居民生活环境到城市产业结构的优化，由于这种建设牵涉的领域太广，规划的目标和体系必定具有一定的复杂性。依赖信息技术快速的发展来应对所有的城市问题可能存在困难，因为技术发展的不确定性以及众多利益相关者，如政府、企业和市民，可能存在多样需求。在这样的背景下，为所有相关方确定一个共同的预期目标是一大挑战。

3. 失去城市独特性的挑战

每座城市都有其独特的地理、经济、文化和政治背景，这决定了智慧城市建设应该有其特有的思路和目标。但随着智慧城市建设的全球化趋势，很多城市在制定自身的发展规划时，可能会无意中参考或模仿其他城市的方案，而无序的参考可能导致城市规划的趋同，进而削弱每座城市的独特性。这可能引发城市间的过度竞争，还可能阻碍智慧产业的进展。特别是对于中小型城市，失去独特的产业规划可能会影响其长远发展。

4. 规划的长远性与适应性

智慧城市的建设如同一场马拉松，既需要规划者考虑当前的技术条件，还要留意技术的未来发展趋势，这种发展往往是分阶段、分层次的。在这样的背景下，某些高远的建设设想可能在初期难以实施，甚至在长期内也难以适应技术的进步和升级。智慧城市的建设规划应该具备一定的灵活性，能够随着城市和技术的发展而进行必要的调整。否则，过于宏大的初衷可能会导致规划在实施过程中逐渐偏离实际需求，失去其持续发展和改进的动力。

（二）开发建设阶段

1. 技术风险

智慧城市的发展中，技术层面无疑是其核心支撑。目前的智慧城市解决方案普遍遵循 IBM 提出的"3I"特征，也就是深度感知、全面互联以及深入的智能处理。这三个方面的功能，分别依赖条形码等传感技术、高速宽带网络和无线技术，以及超级计算机和云计算等先进技术来实现，它们合力将广泛分散的数据转变为有用的决策参考和实际行动指导。但在开发建设过程中，仍然存在一定的技术风险。①数据安全和隐私保护是一大挑战。随着城市运行数据的不断积累，如何确保这些数据的安全，防止数据泄露或被恶意利用，成为一个重要问题。②技术的兼容性和可持续性也是一项风险。智慧城市涉及多种技术的融合，包括物联网、大数据、云计算等，这些技术之间需要良好的兼容性，才能确保整个系统的稳定运行。③技术的快速发展意味着可能会有新的、更高效的技术出现，如何保证已有技术的可升级性和未来的可持续发展，也是一个需要考虑的问题。

2.社会环境风险

对于智慧城市的构建，一个稳定且有利的社会环境同样至关重要，政策的引导、法规的完备以及其他社会制度的支持都是智慧城市发展的基石。然而，必须认识到，与城市发展同行的社会资源是有限的，智慧城市的建设虽与文化、生态和技术发展并不矛盾，但也难以期待它们能得到完全相等的资源关注。缺乏明确的政策支持可能意味着智慧项目难以获得优先发展。统一的技术标准和社会规范的缺失可能会导致多方的利益发生碰撞。当技术标准、信息安全、个人隐私以及知识产权等领域的法律保障不足时，智慧城市的建设可能会遭遇挑战。以隐私权保护为例，如果在物联网技术中个人隐私的法律约束不明确，那么某些掌握大量信息的部门或企业可能会为了利益而忽视公众的权益，减弱公众对智慧城

123

市的信赖度，还可能对城市建设的整体形象产生负面影响。

3. 人员风险

智慧城市的塑造，离不开背后的人才支持，技术和管理人才的素质、职业操守和健康状况均可能对城市智慧化进程带来影响。

第一，人才素质的问题。智慧城市建设涉及多种核心技术，对人才的要求自然高于常规，如果相关技术和管理团队缺乏足够的掌握和决策能力，这可能会给城市的智慧化进程带来挑战。

第二，人才的稳定性。除了技术人才的核心能力，他们的稳定性也是一个关键因素。人才的稳定性会影响到关键团队的完整性。当市场上的人才竞争加剧时，保留关键技术和管理骨干也成为一大难题。

第三，职业操守的重要性。无论是技术还是管理，职业操守都是每个团队成员应持有的基本准则，对于核心技术的保密，尤为关键，如果出现操守上的问题，智慧城市的技术和管理层可能会受到冲击。

4. 经济风险

第一，投资风险。这包括用于技术研发、设备和技术采购、人才培训和产业链建设的各种投资的风险。

第二，产业的复杂性。智慧城市需要一整套产业支持，以 RFID 为例，从芯片设计到电子标签制造，再到应用软件开发，每一个环节都不能忽视。任何环节的薄弱都可能影响智慧城市的整体进程。

5.管理风险

大型的项目背后，对管理的渴望不止于其范围与深度，更涉及其系统性和连贯性，从而带来复杂的风险。管理智慧城市比其建设更为艰巨，诸多的管理风险与管理者的知识积累、决策制定的科学性、管理机制的完善程度及信息的流通性息息相关，加上智慧城市仍是新生事物，技术层面的进步和产业链的稳固度还需深化，公众对物联网的认知度需要提高。此外，政府、企业与社群对智慧城市的认识和行为间的差异也可能对其健康成长带来一些阻碍。

（三）运营维护阶段

1.技术可靠性和安全性风险

新一代的信息技术，作为智慧城市的骨干，在多个领域，如设备的网络防护、系统的自我优化、应用程序的审核以及关键设备的冗余备份等，都展现出了其卓越的进展，但正如多数技术面临的问题，它并非完全无懈可击。考虑到智慧城市需要在城市各处部署大量的智能设备，这种广泛的配置如同一个生物的"神经系统"，不管是依赖于超级计算机还是依托于 RFID 芯片，它们在面对自然灾害或人为破坏时都可能出现故障，这会影响信息的感知和传递，更有可能对整个城市造成较大的冲击。

与此同时，智慧城市的软件框架涵盖了物联网的智能对象、云计算中心、应用层的公共服务平台以及个性化服务和应用软件，在一个不完善的软件世界中，大规模的软件网络意味着更多的潜在风险。

2. 经济风险

大量投资和人才流入信息产业可能限制了其他产业的充分发展，进而可能对城市的整体经济健康产生一定的影响。市场的天然竞争性导致了资源，如人才、教育和经济发展机会等，更倾向于集中在一些发达的中心城市，资源的高度集中性给每个城市带来了如何确保自己在新一轮竞争中维持发展优势和重新配置产业的困惑。

3. 社会风险

智慧城市建设的进展正在快速地重新塑造人们的生活和工作方式，对公共领域、社会结构以及个体行为产生深远影响，这种转变并非静态的，而是处于不断的变革中。各种传统的文化、价值、信仰、思维模式和个人背景等因素都会影响城市居民对这种变革的适应度。在一个时代，技术似乎能解决一切问题的观点受到挑战的时候，人们对于智慧城市的担忧与疑虑变得更为明显，这种担忧往往是主观的，可能偏向于消极的方面，人们的行为有很多的不确定性，可能会带来一定的社会风险。

4. 政治风险

城市改革与发展正在朝多中心治理和社区自治转型。政府的核心动机在于推动智慧城市的发展，旨在更迅速地关注民生、加强环境守护、满足公共安全与商业需求，从而解决众多的城市问题。然而，为了确保智慧城市的顺利运营并充分实现其目标，可能需要加强政府的作用。智慧城市能够增加社区的自治能力，但它也可能催生一定的政治风险，比如，智能物联网技术，它在提供便利的同时，可能被视为一个新的监管工具，这在欧美社会已经引起了关注。为实现智慧城市的建设，某些城市可能需要从他城购买技术和设备，这可能带来技术的控制权问题，潜在地波及城市乃至国家的利益。

5.文化风险

智慧城市建设已深入文化传播的各个领域，丰富了信息内容，加强了区域之间的文化交流。但是，它也可能让人们更加强调个人主义，改变传统的观念，增加公众监督的复杂性，这意味着，智慧城市在为文化传播提供广阔平台的同时，也可能成为不同文化观念冲突的舞台。利用信息技术，主导文化可能逐步压制或替代次要文化，使得城市失去原有的多元文化特色。

第二节 新型智慧城市建设的因素风险

智慧城市的构建不仅关乎技术的应用，它更代表了一个社会生活领域中的全新理念。社会制度，作为社会关系的行为规范，也是现代社会管理的核心特征，其目标很明确：降低人们行为中的不确定性，并减少社会风险。随着社会进步，社会制度也应不断适应并演进。

面对智慧城市带来的鲜明技术属性，其建设就需要有相应的、具有突破性的社会制度创新，因此在较短的时间内，需要确立全新的制度体系，以保障在社会环境迅速变革中的秩序稳定。虽然制度的目的是更好地调和社会关系和人们的行为，但过快的制度变革可能带来制度设计的瑕疵和执行机制的不足，导致制度效果不如预期，或被称为制度风险。在社会结构中，价值观、规则、组织架构和基础设施是其核心要素。在智慧城市的框架中，社会制度的革新是全面的。

为了深入理解这一点，重要的是考虑组织、相关法律法规以及政策等领域中，智慧城市建设可能面临的潜在风险，如图 7-1 所示。

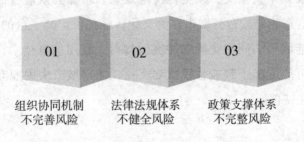

图 7-1　智慧城市建设的制度因素风险

一、组织协同机制不完善风险

在新型智慧城市建设过程中，组织协同机制的不完善可能会带来一定的挑战，但同时为城市管理者和相关方提供了优化和提升的机会。

第一，智慧城市建设是一个多方参与的复杂过程，涉及不同部门、行业和利益相关者，在这一过程中，实现有效的组织协同至关重要。当前，许多城市在协同机制上仍在探索阶段，这可能导致沟通和合作上的一些不畅，但这也为城市管理者提供了宝贵的经验和教训，帮助他们在未来的项目中更好地理解并优化跨部门和跨行业的合作方式。通过共享经验、增强透明度和建立更加紧密的合作关系，可以逐步提升组织协同的效率和效果。

第二，技术和管理层面的挑战也是组织协同过程中需要关注的。例如，不同部门和机构可能使用不同的技术平台和数据标准，这在一定程度上可能会增加数据共享和整合的难度，但这些挑战也促使参与方寻找创新的解决方案，如采用统一的数据标准和共享平台，从而实现更有效的信息交流和资源配置。

第三，组织文化也是影响组织协同的重要因素。在智慧城市的建设中，需要形成一种鼓励合作、共享和创新的组织文化，这要求领导者在促进团队协作和沟通方面发挥关键作用。建立共同的目标和愿景，鼓励开放的沟通和反馈，以及营造互信和尊重的氛围，可以逐步克服协同机制中的挑战。这种积极的组织文化将为智慧城市的持续发展提供坚实的基础，有助于将潜在的风险转化为发展的机遇。

二、法律法规体系不健全风险

法律始终是维护社会秩序、调整人与人之间关系的重要工具。近些年，信息技术的飞速进步对传统法律体系提出了挑战，成为公众关注的中心话题。我国已积极响应，着手构建适应互联网时代的法律体系，取得了初步的成果。智慧城市的兴起，未对虚拟社会与传统社会的基础关系产生实质性的改变，却对人们的交往空间和时间观念产生了深远的影响，这种变革无疑对现有的法律体系形成了挑战，因为它正在改变人们之间的互动方式，并可能撼动某些已有的法律框架。法制的完善总是一个相对渐进的过程，特别是在信息技术日新月异、智慧城市建设步伐加速的今天，法律制度的完善速度要跟上这种变革的脚步。若完善速度滞后，可能会为智慧城市社会带来一系列新的法律问题与挑战。例如，如何确保信息应用的安全性，如何更好地保护知识产权等。这也制约了智慧城市进一步的健康发展。

智慧城市代表了信息化、工业化与城市化三者的交织与进化，其中，信息化无疑已变成现代生活的核心驱动力。如果法律体系在某些方面不够完备，智慧城市的建设速度和相关立法步伐难以保持同步，这种不平衡可能会为信息应用领域带来一定的法律难题。具体而言，智慧城市的信息应用所面临的风险颇为复杂。例如，RFID 等"智能对象"可能被滥用，导致个人信息无意中被感知；数据存储和安全服务提供商可能未经授权泄露或使用客户信息；公共部门及其他社会实体在收集和利用公众或个人信息时可能超出了其原有的权限边界。

法律制度的不完善将使新一代信息技术环境下的知识产权保护问题凸显出来。以云计算为例，作为智慧城市核心技术之一，云计算为用户提供了一个便捷、高效的计算模式，允许他们通过虚拟网络在任何地方、任何时候访问共享资源。但与此同时，云计算为知识产权带来了前所未有的挑战，弹性服务、资源池管理、按需提供服务、无处不在的访问和点对点通信等特性都使得云计算成为潜在的知识产权侵权风险区。随着侵权手段的多样化，知识产权的保护变得越发复杂，尤其是当知识产权所有者、网络服务提供商、软件开发商和硬件供应商都深度参与时，问题更是错综复杂。单纯依靠技术手段显然是难以确保云计算中知识产权得到充分保护的，法律法规的介入和明确成为确保云计算环境中知识产权得到适当保护的关键。

三、政策支撑体系不完整风险

政策本身是产业发展中的关键制度资源，它以权威的姿态对资源进行分配，并在此过程中展现出明显优点：能够高效地调配有限资源，并允许社会资源的集中利用。为了迎合智慧城市建设的诸多政策需求，社会资源配置应进一步优化。事实上，构建智慧城市不是一个简单的经济投资问题，更为关键的是它需要一个完善且细致的政策支持体系以及健全的政策环境。政策文件无疑是政策体系的核心，它是政府为实现某一政策目标而采用的工具的文本表述。通过研究和解读城市政府发布的智慧城市相关政策文档，人们能对政策的分配、工具和内容有所了解，进而评估其完整性，这也有助于更为深入地探讨智慧城市建设在当前大规模规划模式下所处的政策氛围。

不同层级的政策有其独特的功能，战略层面的政策为智慧城市的顶层设计提供了指导，它设定了整体的建设目标、领域和主题等，但这种战略性和综合性的政策主要是用来导向资源的，而真正触及资源配置的，其实是操作层面的政策。这类政策明确了智慧城市建设的资源投入的具体内容和数量，并能够实时监测和调整建设进度，若缺少了这种实操性的政策，智慧城市建设可能会局限于规划设计，而难以进入实质性的执行阶段。这无疑给人们带来了一个信号：智慧城市建设实施存在一些困难，而这些困难恰恰是未来智慧城市建设可能会遭遇的政策性障碍。

智慧城市建设的政策工具可分为供给型、环境型和需求型。这些不同种类的政策工具在功能上有所区分，其中，供给型政策工具主要着重于政府资源的直接分配，如智能基础设施的建立、行业信息的提供以及智能公共服务的发展，而环境型政策工具则旨在为智慧城市建设打造一个有利的环境，如财政援助、税务减免以及知识产权的保障。过度依赖政府为主导的建设模式可能会让智慧城市建设的整体规划遇到困难，如果单一的政策工具过度使用，那么这可能会成为智慧城市建设的一个资源上的限制。对于政策文本，虽然其本身并不等同于资源，但它所描述的内容往往指向智慧城市建设所迫切需要的资源。从这个角度看，政策内容的广度可以部分反映智慧城市建设基础资源的完备程度。如果在目标设定和项目规划上，政策内容更多地涉及智慧基础设施的创建和智慧产业的布局，而对于如智慧人才的培育和金融环境的构建提及较少，那么这种资源上的局限性在智慧城市的建设过程中可能会逐渐浮现，这一点值得深入思考和调整。

第三节　新型智慧城市建设社会风险防范对策

一、提升智慧城市建设的主体能力

智慧城市建设旨在实现主体性的广泛涵盖，包括专业机构和人员，还延伸至城市中的普通居民。每个主体在智慧城市的构建中都有其独特的角色和社会功能，考虑到这一点，明确各主体在智慧城市建设中的角色分工变得尤为重要。各个主体的角色意识和能力要与特定的社会职责相对应，因此要根据智慧城市的建设进程来明确各个社会角色主体应承担的社会功能和能力标准。一旦角色分工明确，接下来便是制订培训计划和评估机制，以确保各主体角色的社会能力得到适当的提升并符合智慧城市建设的基础需求。在提升主体意识和能力方面，可以从以下几个方面着手。

（一）提升城市居民素质

构建全面的现代教育体系是提高城市居民的科学和文化素质的直接且有效的方式，这涵盖了义务教育的普及、高等教育的推广以及职业和成人教育的支持。除了教育体系外，环境因素也在某种程度上影响着居民素质的提升，所以营造有益于提高公民素质的良好环境，如文化氛围和学习资源，也应得到相应的关注。除了教育，增强公民的法治意识也需要制度和社会教育的双重推动，包括通过法律法规进行有效的规范和处罚，以及通过学校、家庭和社会多角度的教育手段，以增强公民的法治意识，提升公民的自律能力。特别需要注意的是，城市应根据不同年龄和教育水平的人群设计适当的教育方案，重点是让普通市民具备操作智能技术和设备的基础能力，以适应智能社会的日常生活和工作需求。

（二）夯实智慧城市建设的人才基础

设立与智慧城市紧密相关的专业学科，如物联网和云计算，可以确保教育与行业发展同步，这需要建立统一的课程体系，加强教材和师资力量，并优化实践教学环境，旨在为智慧城市提供足够的技术和管理人才。人才培养机制也应得到创新，将高等教育机构和科研机构的力量整合，利用其在信息技术领域的专长，能够确保大量人才的培养和涌现。与高校合作，将其丰富的科研实践经验融入教育，可以使得学员具备坚实的理论基础和实际操作技能。为满足智慧城市多方面的人才需求，还需细化人才培养的结构，包括加强研发人才的培养，以及复合型和基础型人才的培训，确保在技术研发、实施和推广等各个环节都有合适的人才参与，避免因人才短缺而影响智慧城市的建设进程。

（三）提高智慧城市建设者的管理和决策能力

智慧城市建设是一项技术挑战，更是管理和决策的挑战，管理者需要深入理解智慧城市的内涵，结合我国的实际情况，对其核心概念进行调整与重塑。在推进智慧城市的建设中，管理者应遵循低风险、高回报的策略。在正式制定或实施智慧城市的策略前，技术和经济的可行性分析是必不可少的，以确保所采取的措施真正可行，且不会给城市带来不可承受的压力。试点建设可以为管理者提供宝贵的实践经验，帮助降低项目风险，并且通过其示范作用，有助于进一步完善智慧城市的规划。更为重要的是，管理者与外部机构如研究机构、咨询机构和大学团队之间的密切合作，这种协同工作可以促进智慧城市理论的完善，为管理者提供更加科学、全面的决策支撑，从而大大降低决策失误的风险。

二、完善智慧城市建设的制度内核

智慧城市的建设重心固然集中在社会体系上，为防止智慧城市发展过程中的社会风险，制定健全的建设制度框架是至关重要的，这样可以确保智慧城市的社会功能得以精准落实，赋予整个建设过程独特而重要的地位。智慧城市虽然依赖先进技术驱动，但其背后的制度不可或缺。鉴于社会环境的快速变迁，制度也必须展现出足够的灵活性与时效性，进而与现代社会的变化保持同步，假如制度未能适应现代化的变化，那么其实际价值便会大打折扣。这主要体现在以下几个方面：①智慧城市的建设是一个持续的过程，旧有的、不再适用的制度规定应被及时更新，以适应智慧城市的新需求；②制度的合法性和规范性是至关重要的，它需要与智慧城市采用的技术和社会特性紧密结合，确保在智慧城市的建设中有效解决各种潜在矛盾；③智慧城市的制度框架需全面，涵盖各个关键领域，确保整个建设过程无缝对接，流畅推进；④制度的实施效果也是关键，它既要对管理者进行约束，也要确保用户能在其中受益，确保智慧城市为大众带来实实在在的经济效益。

（一）设立组织协调机制

在协同政务被重重束缚的时候，组织协调机制建设应该把中心重点放在以下几方面。①科技助力下的交互链创建。在各部门之间，创建一个"横向一体化"与"垂直连通"的交互链显得尤为关键，它有助于解决各部门间的管理与分工的微妙平衡。②电子政务系统的迅速演变。智慧城市下，政府在信息传递、资源配置以及决策能力上都展现出强烈的上升势头，推进电子政务系统的发展成了应对这种趋势的必要手段。③社会组织的广泛参与。智慧城市建设的协调机制逐渐从政府主导的模式转向以一个政府为中心，与社会组织和公民紧密合作的模式。这种创新的治理方式在资源配置、政策制定和组织合作上都展现出了独特的价值，这也意味着，社会组织在与政府共建和治理智慧城市的过程中将获得更多的支持和鼓励。④实体组织与虚拟组织的协同。构建一个高效的协调机制涉及实体组织与虚拟组织之间的协同。作为城市的主要管理者，政府有责任确保虚拟社会的健康运行。例如，可以鼓励虚拟组织为公众提供更多的服务，同时确保其管理者真实地体验并改进这些服务，使之更贴近市民的实际需求。

（二）弥补智慧城市建设的法律法规体系的缺陷

随着现代社会对虚拟需求的持续增长，如何维护每个人的利益和安全逐渐成为焦点，特别是在信息安全方面，对相关法律法规的严格考量和实施变得至关重要。建立一个强有力的法律框架是实现智慧城市愿景的关键，这需要坚定的态度和具体策略，以确保法律法规体系的规划和实施能够为个人隐私提供充足的保障。为了响应公众对隐私权的关注，应当加快推进个人信息保护法的制定和实施，立法的过程中需要确保物联网信息感知、云计算信息存储的规则及其使用权界限得以明确。知识产业在智慧城市建设中扮演着重要角色，但同时面临着诸如信息泄露和权益侵犯的风险，为此，改进和完善知识产权相关的法律法规变得尤为必要，应当对知识产权立法进行完善，对民事法、刑法等已有法律进行进一步的修订和完善。

（三）完善政策体系

政策体系为智慧城市的建设提供了稳定而有力的支撑，在宏观层面，应明确智慧城市建设的各个参与方的职责和义务，在微观层面，应细化建设目标和资源配置。一方面，在持续推动战略的确定和政策的综合规划时，各城市需要明确智慧城市建设中各个主体责任和义务的差异；另一方面，在操作层面还需要制定具体的政策，细化智慧城市建设目标，量化智慧城市建设的资源投入。智慧城市建设的政策内容应当涵盖人才培养、技术创新奖励、金融环境和金融支持等多个方面，确保全面的资源和支持得以投入智慧城市的建设中，为其发展提供坚实的基础。

三、优化智慧城市建设的社会环境

智慧城市建设中的社会环境优化涉及制度与非制度因素的交织，非制度因素往往具有决定的根本作用。虽然这些非制度性的变化过程并不总是直接受政府或其他社会实体的控制，但是适当的干预可以引导这些因素更好地支持智慧城市的发展，而这需要智能技术与智慧城市理念与伦理、文化、习俗和人际信任等非制度因素融为一体。在这一整合进程中，可能会碰到一些挑战，如智能技术与社会习俗的冲突或是信任机制的缺失。要解决这些问题，关键在于认识到技术和智慧城市理念本身的局限，并在此基础上努力重塑新的环境伦理秩序和信任体系。显然，社会环境的优化是一个漫长而迭代的过程，因此也强调了智慧城市建设的渐进性，而非期望在短时间内通过大规模的基础设施建设和产业发展来达到理想状态。进一步深入来说，优化智慧城市的社会环境要正确对待技术的伦理问题。要明确，技术伦理关注的不仅仅是技术本身，更多的是技术如何被应用，是否忽略了人的主体性或损害了人的发展。为此，关键在于让技术回归其应有的位置，明确其与人之间的关系。智慧城市的目的不应是更高效地管理其居民，而是为他们提供更好的生活环境。

基于这一道德责任，智能技术应当有所制约，避免其可能带来的不利影响。例如，技术的过度应用可能导致个人隐私权的受损，而这种损害的根源并不总是技术本身，更多的是使用这些技术的人。在这种情境下，构建强大的法律和规定体系显得尤为重要，可以为公民的隐私权提供保障，确保任何实体在获取和使用信息时都受到适当的制约。

智慧城市建设的社会环境优化关乎技术和管理，也涉及道德体系的建立和道德秩序的维护，面对智慧城市中可能涌现的网络伦理问题，多种解决方案展现了其必要性。技术的进步可以帮助增强对新一代信息技术的监管，提升软件系统的安全防护能力，确保不道德行为在技术层面遭遇障碍，并能在第一时间检测并处理这些行为。管理上，把虚拟社会的治理纳入社会总体管理框架，为此构建新型的道德约束机制显得尤为重要。在虚拟环境中出现的任何伦理失范，都应受到相应的处罚，不论是在网络空间还是实体世界。在智慧城市的筹备阶段，通过持续教育，让更高的道德标准融入每位公民的行为，助力提高整个社会的道德标准，增进个体对社会责任的认识，让他们明白，随着智慧城市的发展，虚拟与现实之间的界线正在变得模糊。由此可见，在网络空间的行为也会对实际社会造成影响，这进一步强调了个人要加强自我管理，提升自制能力。

优化智慧城市建设的社会环境还需要维护社会的普遍信任，形成新的社会信任机制。信任的形成是一个复杂的过程，其中可预测性、可信性和可靠性被视为信任的核心要素。为了在智慧城市社区内增进这一信任感，必须着重提高技术风险的预测能力、系统的稳健性以及人际关系的信任度。技术角度的信任建设，要加强基础技术的研究与创新，着力修复技术缺陷，优化智慧城市的整体规划和设计，增强系统应对风险和灾害的韧性。从治理层面来说，提升政府治理的效能，确保更高的透明度是提高信任的关键，构建以监管机构、媒体和公民为核心的监督机制可以更好地预防和纠正对公民权益的不当行为，提升政府和相关机构的社会信誉。

第八章　新型智慧城市建设与发展的建议

第一节　大数据和人工智能助推新型智慧城市建设

一、大数据助推新型智慧城市建设的建议

（一）利用大数据支持政府决策

为响应社会及智慧城市的需求，重要城市应积极设立大数据研究中心，致力开展针对性的大数据研发工作，包括构建大数据分析平台，推动具有独特知识产权的分析工具、应用软件和服务的研发，以促进大数据在理论、技术和应用方

面的创新。为使政府决策更加科学和精准，应将大数据专家纳入决策团队，组建专业、高效的数据分析团队，确保团队中的成员在政治觉悟和业务能力上都能够达到一定的标准，使其在政府决策中起到积极作用。

（二）优化制度框架，营造大数据良好的环境

为了提高政府的信息化水平，可以考虑采用扁平化的管理制度，使各项工作能够更为明确。无论是政府的日常信息化工作、城市居民卡的相关事宜，还是政府资源和数据资源的管理，都应该有专门的部门或机构进行统一管理和协调，以确保工作的高效进行。例如，通过进一步优化各城市的三维数字管理平台，可以更好地利用三维数字社会管理服务中心，为市民提供更为便捷的生活服务，同时为社会管理提供支持。除此之外，确保信息的流通与共享也显得尤为关键，可以通过构建统一的政府信息平台，促进政府间的信息资源共享和交流，更好地整合和利用原本分散的系统数据，发挥政府信息资源的价值。在发展智慧城市的过程中，为了更好地发挥企业的作用，可以考虑建立服务外包机制。在这样的模式下，政府可以明确自身以及公众的服务需求，根据实际情况选择购买一些公共服务，为企业提供投资智慧城市的机会，促进政府与企业之间的深度合作。但在此过程中，也应建立相应的支持设施，明确各方的权责，以及对服务的认证、承诺、费用管理和评估机制，确保政府与企业合作时各方的权益都能得到充分保障。

（三）加大大数据产业发展

智慧城市的兴起势必助推大数据产业的蓬勃发展，为确保智慧城市的建设达到预期，应加强大数据运营管理相关产业及领军企业的培养。各个努力构建的智慧城市应通过多元化手段，大幅提升大数据产业的发展动能，包括深化产业与区域的优化整合，营造大数据产业的发展集群，并鼓励该产业向高端创新型方向进化。为此，值得给予那些具备省级资格的高科技园区、电子信息园区、软件及信息服务园区以及云计算数据中心等大数据产业基地充分的支持。大数据产品及装备制造业、与之配套的软件和服务业也都应得到适当的重视和扶持。

为推进该领域的进一步发展，培养具备国际竞争力的关键企业，并刺激创新型中小企业的成长变得尤为关键。为此，可以通过制定专门的政策、建立特定的发展基金等方式，鼓励大数据产业的创新与扩张。吸引地方移动通信、联通、电信运营商及其他领先的互联网公司参与合作，可以为智慧城市的大数据企业营造一个充满活力的发展氛围。针对财务、土地使用、金融服务和人才资源等方面，制定相应的扶持大数据产业的措施和法规，为大数据产业的健康成长奠定坚实的基础。

（四）推进大数据的普及与应用

推进大数据在政务中的应用，是建设智慧城市的关键。推进政务大数据的普及应用，可以考虑以下几点。

第一，拓展公民卡的增值服务。公民卡在众多领域，如"智慧城市""信息消费""电子商务"及"信息利民工程"等试点中已经展现出其关键性的价值。如今，基于公务服务、银行交易、公积金查询、公共交通、医疗健康、人口管理、图书借阅、数字养老、出租车支付，及水电煤缴费、小额支付等多功能，公民卡已扩展了自身的服务边界。除了已经在城市图书馆中实施的查询功能，公民卡的服务还有望扩展到如博物馆等多个领域。在市级医疗机构中，公民卡已试行加载市民医疗卡功能，满足了医疗就诊、住院挂号、费用结算等多种需求。公民卡还具备电子支付的便利性，如银行卡支付、NFC 闪付等功能，这使其在商场、超市、餐厅、加油站等多个消费领域都能够得到广泛应用。预计在未来，公民卡在医疗领域的应用还将进一步扩大。

第二，提高智慧养老水平。积极与虚拟养老中心对接，将现有的虚拟养老卡、公交老年卡及地铁老年卡整合为统一的城市公民卡，由此一来既可以增加其发行量，还能进一步推广并完善虚拟养老中心在医疗和消费领域的应用。

第三，凸显自助终端在现代社会中的作用。通过扩展自助终端的功能，市民可以方便地进行公积金查询、支付电话费、充值以及加载公务卡和公交卡等业务，实现真正的一站式服务。

第四，加强公民卡手机的发行。通过公民卡手机版本，市民可以直接在手机上使用与实体卡相同的功能，如公共交通、公积金查询、医疗健康等，只需在手机中加载具备公民卡功能的芯片即可。

第五，启动"智慧环保"工程。建设一个全市的污染源在线监测和智能预警系统，可以实时追踪重点污染源并加强环境监管。为此，建议相关部门争取更多的资金和技术支持，确保智慧城市在环保方面也能够走在前列。

第六，深化智能教育。智能教育，可以更好地利用信息技术，确保每位学生都能获得高质量的教育资源，解决教育资源分布不均的问题。

第七，开展智能医疗。强化与卫生系统的对接，完善各级医疗机构的信息规划和标准体系，确保从市卫生局到基层医疗机构都能实现信息的互联互通。为了加强社区卫生服务，需要在社区医疗服务中心和农村卫生中心建立综合服务平台，并确保这些机构之间的诊疗信息能够无缝对接。在这方面，寻求相关部门的支持是非常关键的。

第八，建设智能管网。许多城市的城建系统档案仍然是纸质的，针对地下管网的纸质档案，在实际管理与存档图纸之间可能存在不一致的问题。对此，推动地下管网的现状调研和改善成为当务之急。通过选择合适的试点地区，建立地下管网数据库，可以为"智能管网"建设奠定基础。相关部门需要做主导，与各管道产权单位合作，全面了解全市地下管线的实际状况，并构建三维地下管网和地质数据库。

第九，提高智能交通水平。智能交通系统集成了"视频探头""车辆电子身份证""异地执法"系统以及"智能公交"等多个关键技术。为了确保系统的高效运行，与企业的深度合作显得尤为关键。广泛应用 RFID 技术，可以进一步加速"车辆电子识别卡"的普及；建立一个应急联动与多种运输模式预案结合的交通应急指挥体系，则可以应对各种突发交通情况。

第十，促进信息消费。利用先进的城市管理网络和广泛覆盖的数字社会管理系统，可以显著增强社区电子商务的配送能力，特别是在"最后一公里"的配送环节。高效便捷的配送服务能够增加公众的信息消费积极性，进一步推动信息公共服务平台的发展，为群众带来便利，为信息服务企业创造更多的商业机会。

（五）促进数据开放，打破信息孤岛

1.加强信息共享服务

为了使政府信息资源更加高效地为公众服务，需要对现有独立而分散的应用系统数据进行全面整合，促进政府的信息资源实现更好的共享、交换和深入应用。基于各智慧城市数据中心，数据共享平台应不断完善，持续增加数据存储量，更新数据以保持时效性，并对四大基础数据库进行完善。市政府资源管理中心也应提供各部门信息系统建设所需的数据支持，使全市政府信息资源实现有效的共享与交换。随着数据量的迅速增长和数据不断更新，大数据中心所需的软硬件支持也将需要适时扩展，因此随着各个系统的逐步部署，对扩容的需求显得尤为紧迫，在此过程中，应加强资金、人才和运维等方面的支持。

2.强化数据开放服务

智慧城市的建设需要一个能够向社会开放的数据资源门户，这将有助于整合各个部门可以开放的数据资源，社会能够享受到数据应用服务、交换服务、发布服务和分析服务等多种便利。通过此举，政府和便民服务的满意度将会得到显著提升。值得注意的是，市民反馈的数据也需要经过分析、判断和对比，然后重新进行开放，形成一个数据的"循环更新"机制，真正做到资源的共享。

（六）引进和培育专业化人才

1.有计划地引进大数据人才

为智慧城市的建设注入充足的人才活力，要制定针对性的专项人才引进计划，还要确保大数据领域的专家能够被有效地纳入"急需高层次实用人才引进计划"，这样，可以逐渐增加引进的人才数量，进一步提升引进人才的比例。这种策略会带来一批高层次的行业领军人物，使人才工程能够更好地服务于整个项目，确保人才的潜能得到最大化释放。此外，也可以邀请国内外知名的专家学者，为人才培养提供建议，为智慧城市的建设发声，发掘更多大数据人才。当然，提高人才待遇也是必不可少的，这样才能确保人才能够长期留在项目中，避免因为某些地域的固有条件而失去宝贵的人才。

2.培养大数据人才

随着智慧城市的普及和大数据领域的火热，各地正积极响应，纷纷设立数据科学研究机构，并致力于培养相关人才。人们对大数据的关注程度越来越高，对相关人才的需求也呈现出快速增长的趋势，这使得大数据人才的培训变得尤为重要。例如，北京航空航天大学与中华人民共和国工业和信息化部的合作，就为国内首创了大数据技术与应用的硕士学位，培养出了一批大数据人才，既为相关领域注入了新鲜血液，也提高了学生的就业机会。在这个大数据的时代，政府与高等教育机构可以有更多的合作机会，如共同设定人才培养的大纲，或是创立特定的实训项目。

（七）引导公众应用大数据

1.树立以人为本的思想

智慧城市的核心使命是为居民带来便利和福祉，大数据的深远意义应在于回应并满足公众的需求，把他们的期望作为优先考量。此观点是智慧城市建设的强有力动因，也为人们提供了寻找更经济、高效和合适的技术解决方案的途径。提倡公众更多地运用大数据，必须始终秉持人本主义的理念，使建设与推广双管齐下，激发市民对智慧城市建设的热情和积极性。这种方法不仅有望破解城市建设中的一些难题，也更易于让市民接纳并最后从中受益，真实感受智慧城市所带来的便捷与愉悦。

2.拓展各类宣传渠道

智慧城市建设涉及的政府机构，应依据其独特的职责与建设需求，采用多种途径和方式强化对智慧城市的推广力度，为社会营造出一个对智慧城市充满支持和期待的氛围。例如，通过广播媒体和政府官方网站展现智慧城市的成果；大规模推广与智慧城市建设相关的应用，如"生活服务"和"城市公共交通"等；进一步完善电子商务配送的体系，鼓励市民享受信息时代的便利。

二、人工智能助推新型智慧城市建设的建议

（一）人工神经网络加快智慧城市建设

如今，人工神经网络技术如同无形的手臂，触及智慧城市建设的各个环节。无论是城市交通，还是城市绿化，这一技术均发挥着关键作用。其结果是，智慧城市的建设步伐显著加速，人民享受到了更加智能、高科技且便捷的生活方式。

1.交通流动性预测

利用先进的交通数据采集技术并结合人工神经网络，可以使城市的主干道路上的交通流态势和变动规则被迅速捕获。此技术可以更精准地评估城市道路网络的当前交通状态和其未来的运载能力，预见交通流的潜在变化。此方法为解决城市道路交通的复杂问题提供了宝贵的策略和参考。

2.超车行为预测

城市化发展的步伐之快，既带来了繁荣，也伴随着交通的难题，尤其在城市道路上，不规范的超车行为可能破坏交

通的有序性，更有可能触发安全风险。使用人工神经网络技术预测这种超车行为，无疑为城市交通管理提供了前所未有的支撑，有助于缓解交通压力，减少事故，更为交通执法部门提供了精准的决策依据。

3.停车需求预测

城市化带来的另一挑战是汽车数量的激增。虽然城市建设规模也在不断扩大，但与之对应的交通需求似乎总是在增长。汽车数量的激增使市民的停车需求不断增长。通过人工神经网络技术并考虑城市的交通特性，预测停车需求已不再是遥不可及的目标，这有助于缓解停车难的问题，提升市民的满意度。

4.生态预测

随着城市化的推进，人口的迅速增长带来了住房、交通和环境等问题，在这种背景下，如何选择合适的城市植被并合理地进行绿化建设变得尤为重要。借助人工神经网络技术，寻找与城市气候相匹配的植被变得可行。选择合适的植被并建设城市人工林，能有效地构建城市生态环境，并为城市带来长远的经济效益。

（二）知识图谱加快智慧城市管理

1.园林智慧化与城市绿地管理

城市园林的地理定位、种植类别等详细信息汇聚成为知识图谱，这成为管理者迅速检索园林资料的有效途径，有助于专业人员更精细、更有针对性地维护园林，还可在更高的层面上，将城市园林分布与城市未开发地块相结合，进而提供城市绿化决策支持和数字化资源管理。

2.公园智慧化与旅客服务

公园中各景点的来由、背景和文化历史等信息也可构建成知识图谱，形成景点的智慧服务体系。借助此图谱可以实现问答系统，为参观的游客，尤其是来自海外的游客，提供即时的信息咨询。更进一步，知识图谱可以为游客提供路线指导、景点定位以及文化背景故事等丰富的信息。对于安全管理，基于图谱的数据还可以为工作人员提供关于游客风险的参考信息，以优化公园的安全管理。

3.地理信息智慧服务

通过整合各种地址标签数据，地名知识图谱得以形成，能够为地理编码子系统提供坚实基石。信息关联技术能够深入挖掘与地名相关的空间分布模式，为地理编码子系统提供高效和可靠的支持。

第二节　优化新型智慧城市建设路径

一、顶层设计与科学规划

（一）制定科学的智慧城市建设规划

智慧城市的构建需依赖于精准而周全的顶层设计，并且要融入微观层面的精细化管理，这样的结构才能保证城市在实际发展过程中进行适时的动态调整，确保其走在一个科学、客观、合理的发展轨道上。所谓规划，它涵盖了项目的发展导向、目标设定、策略实施以及进度管理等各个维度，是一个全面的战略部署活动。对于智慧城市来说，其规划则是一个将建设目标、原则、策略、技术支撑及运营管理等多方面因素综合考虑的行动计划，为智慧城市的实际建设提供明确的方向，为其建设过程中的每一个环节设定标准与规范。可以说，这样的规划就像一张详尽的图谱，为智慧城市勾画出一个清晰的未来蓝图，而在这张蓝图的指引下，智慧城市能够确保其在管理和公共服务上与长远的发展策略保持同步，顺利推进智慧城市的建设。

（二）完善政策与优化制度

智慧城市的兴建与蓬勃发展，需得到国家政策和方针的坚定支持与明确导向，它本质上是一项受国家政策引领的宏大工程，国家制定的智慧城市发展纲领和政策文档，为该项建设提供了方向性和指导性的框架。基于此，组织专业的智慧城市发展团队，进行对国家政策法规的精准解读和深入分析，显得尤为关键。同样，智慧城市的建设在追求国家政策、法律和法规的全面支持时，也需要关注到整体建设体系的优化。要使智慧城市的发展更为健康且有效，对现有的体制框架进行微调，进一步完善与智慧城市相关的国家级机制，将是不可或缺的步骤。而对于那些专门负责智慧城市建设的部门来说，组织架构与管理体系的进一步完善同样具有不小的影响。因此要构建一套完备的政策法规体系，强化已有的规章制度，并且在这基础上进行必要的创新与优化，从而让整个制度流程更为高效、精简。

智慧城市的建设，除了需要工作人员的付出，更需要全体市民的共同参与和支持。当智慧城市工作团队与广大市民紧密合作，共同为城市的发展出一份力时，智慧城市的建设与运营将更加顺利、高效。

（三）加大核心技术研发力度

智慧城市的崛起与核心技术的创新研发密不可分。面对我国新一代信息技术的挑战，尤其是在物联网与云计算领域的一些技术缺陷，政府部门应采取策略应对。对于创新环境的塑造，加速科技研发、应用测试、评估测试及自主创新是不二之选。同时，各种公共服务平台的建设也非常重要，政府的政策支持将进一步加强技术创新的活力。而在核心技术的规范与标准化方面，确保行业统一并实现信息的高效共享至关重要。例如，信息安全和技术标准，以及物联网在不同频域的标准，都需政府通过国际协作和活跃的参与来控制，以确保在关键技术领域取得话语权。企业、学术界和科研机构之间应加强协同合作，形成一个以企业为中心，以市场需求为导向的全产业链创新模式。

财政支持对于推动智慧城市技术发展同样不可或缺。国家在有限的财政预算下，需针对关键技术、公共技术服务平台以及基础设施建设等领域进行有序投资，确保投资效益最大化，避免资源浪费。政府可以通过制定吸引性的优惠政策，鼓励民间资本与国际大公司投身智慧城市的基础建设，如巴塞罗那在智慧城市建设中所展现的合作模式，就是一个值得借鉴的经验，既降低了投资风险，又确保了项目的高效运营。

（四）完善智慧城市建设的技术架构

如同生物体由大脑、神经和感官构成，智慧城市同样依赖于特定的构架来体现其"智慧"。为实现其理想状态，城市建设必须确保云计算、网络结构与智能终端的完美融合。

1.感知层：城市的触角与探针

将感知层视为城市的感官，它的主要任务是数据的采集与传递。大致上，感知层分为以下三个方面。①设备终端，如传感器、摄像头和 RFID 等。它们的核心在于感知周围的数据并能够自动传输这些信息，如果一个设备仅能够感知，但无法传递数据，那么难以将其称为"智能"。②智能机电一体化，如家电、设备、手机等在内的多种设备通过嵌入智能芯片与软件达到机电一体化，从而让机器变得更"聪明"。③机构终端，如会议终端、业务管理平台及移动指挥终端等，其主要特色是数据的高效集成与通信，以及业务的及时协调与处理。

2.传输层：城市的神经纤维

传输层是智慧城市数据流动的通道，起到了生物体神经系统的作用，它的主要职责是确保感知层收集的数据能够被迅速且安全地传送到大数据中心。当前的传输网络已经相当广泛，包括电信网络、北斗网络、传感和设备网络、企业专用网络以及众多的微网和局域网。特别值得注意的是，随着"三网融合"的推进，有线电视网络也已经成为普及网络的一部分。

3.处理层：城市的思考中心

如果说传输层是智慧城市的神经系统，那么处理层无疑是城市的大脑，它主要包括专有的云平台和业务操作系统。云平台中蕴含了海量、多样化的数据，成为一个数据储存与处理的中心。而基于这个云平台的业务操作系统软件，通过云计算的各种技术如数据分析、挖掘等，能够从大数据中找到有价值的关联，并为客户提供智能化的决策和服务。

二、组织领导与机构重组

（一）加强组织领导

智慧城市的成功建设，很大程度上取决于其背后的组织与领导结构。强有力的具有前瞻性的组织领导机构是智慧城市建设的重要支撑，能够引领整个建设进程走向成熟。从领导角度出发，建设智慧城市的主要责任者需具备出色的领导能力和一定的决策勇气，此领导应负责智慧城市建设的整体推进，包括规划制定、顶层设计、微观调控以及对于关键问题的研究和决策。为了确保决策的科学性和高效性，此领导要在总体工作中进行策略性统筹，并关注工作中的实际问题，与各项目部门进行密切的沟通与协调。领导背后应有一支结构合理、具有实力的团队，团队成员应根据实际需求被精心挑选，与主要领导进行紧密合作，确保决策的落地与执行。各部门的领导则需要按照既定的策略开展工作，尽量配合总体规划，确保各自的施工计划得到有序实施，同时积极支持总领导的工作安排。

不可否认，智慧城市建设涉及的领域广泛，必须依赖多个职能部门的共同参与，每个部门的设立都应以业务需求为核心，而其职责定位应与智慧城市的总体规划保持一致。在这一大背景下，部门间的分工与协作尤为关键，各部门既要在结构上进行合理优化，还需加强相互间的沟通协调。分工明确，同时寻求支持与合作，是保障工作流程顺利进行的关键。但是，在整个智慧城市的建设过程中，也存在一些潜在的挑战，如资源专用化、部门间隔离等问题，这些都可能阻碍建设的进展，要想确保建设流程不受这些问题的影响，就需对这些潜在问题进行及时的识别和妥善的管理，以确保智慧城市建设能够按计划、高效地进行。

（二）优化组织结构

从智慧城市建设领导小组的具体工作来看，智慧城市建设的各个职能部门必须按照智慧城市建设规划成立。为适应智慧城市建设的需要，必须加强智慧城市建设组织的优化调整。深入观察智慧城市建设领导小组的日常运作，可以看出各个职能部门的形成是基于智慧城市的总体规划，随着建设进程的不断推进，这些组织结构必然需要针对性地进行调整和优化。智慧城市建设的各个阶段，无疑会对组织结构提出不同的要求，在建设的初级阶段，面对众多的项目和复杂的任务，可能需要引入更多的职能部门以共同完成任务。但当大部分项目逐渐走向完结，原有的组织结构也需进行适应性的调整，如部门的合并或是职能的变革，以使组织更为精练和高效，能够在一定程度上节约智慧城市建设的投资。

优化智慧城市建设组织，必须充分发挥领导干部的领导作用，形成推进智慧城市建设的合力和动力。充分发挥领导班子的领导作用，积极组织、充分动员、谋划、统筹部署、统一部署、分工明确，实现职责、权利的高度统一，从而最大限度地提高工作效率。每一个部门和组织，都应根据自身的职责和智慧城市建设的具体要求，明确自己的工作目标和任务。在此基础上，各部门之间要进行紧密的协作和配合，确保整体工作流程的优化。随着智慧城市建设的进展，组织结构也应随之进行适时的调整和重组，以满足新的发展需求。

（三）加快标准化建设

1. 强化各部门间的沟通与协作

面对智慧城市建设过程中常见的非系统性问题，一个关键策略在于强化各部门间的沟通与协作。当构建基础数据标准系统时，总体目标应围绕数据的共享和传输。为确保数据的有效性与准确性，必须对现有数据的潜在矛盾和重复进行处理。思考各子系统之间的关系是核心，以智慧高速和智慧交通为例，两者都涉及道路监控数据，为确保这两个应用领域的数据可以相互利用和共享，需要协调两者之间的数据标准和接口。

2. 制定完善的标准进程

为应对碎片化问题，数据标准体系的建设应步步为营，同时结合实践，并富有前瞻性。对于现行的各种标准，不论是国际、国家、行业还是地方的，均应进行深入梳理。根据智慧城市的发展需求，那些目前缺失或未明确的标准应成为制定和修订的焦点，以形成一个科学、有层次、务实的智慧城市基础数据标准体系。例如，当前关于智慧保障房和智慧城市管理的基础信息数据标准尚显不足，这在一定程度上限制了各地区信息系统的互联能力，因此制定普遍性的数据规范和基础数据标准应被优先考虑，为后续的网络互联、数据共享和普及打下坚实基础。

3. 推进公开试行标准

标准体系的设计应与实际应用相互配合，而这种配合最好通过如顶层设计、地方试点及整体推广等手段来实现。公开的试验方法有助于从地方性的角度打破数据门户的局限，逐渐实现更广泛的数据共享与整合。公开试行还有助于验证设计的科学性和实际适用性，如各子系统与相关标准是否能与规范顺利结合，系统是否能够充分发挥其应有的功能，使得各部分能够协同工作，形成一个统一的整体。

4. 贴近实际开展顶层设计

单纯地依赖顶级构想来规划数据库标准体系是远远不足的。为确保标准的完备性与适应性，需要深入了解智慧城市建设的实际状况，并确保建设过程与科学原则相符合。例如，可以通过顶层设计来明确整体方案，但标准的具体要求还需从实地考察和筛选中来。

5. 探索标准体系构建

在探索标准体系构建时，不同的子体系可能存在不一致，甚至标准体系自身可能会出现不规范的现象。标准体系的制定应该是一个持续、开放并且基于科学实践的过程。基于多方的实践经验，广泛讨论并证实其科学性是至关重要的，并且在试验阶段，标准的选择应重视实际效果和适应性。以"标

准的主导者，引导大势"的观点，倡导"早行动者受益"和
"有力者领先"的策略，通过完善的机制，确保标准的强劲
推进。

（四）理顺市场机制

社会主义市场经济在资源配置中起到了决定性的作用。
智慧城市作为一个现代化的概念，其生命力源于对市场需求
的紧密贴合。为了持续增长和发展，智慧城市需要依赖市场
的力量和市场经济中的"无形之手"，推动城市转型。政府
在这个过程中的角色是进行宏观调控、确保市场的规范运行、
进行社会管理以及提供公共服务，供应公共产品和服务是政
府的核心职责。市场本身应是一个统一、开放、有序且具有
竞争性的价格机制场所，而政府与市场的关系则应是相互依
赖、共同发展的。

在智慧城市建设中，政府需要充分发挥正面影响。当城
市的建设与管理受到政府的指引，明确政府与市场之间的界
限和互动方式时，将有助于正确平衡政府与市场的关系，使
政府的干预既有限又有效。在这一背景下，政府是智慧城市
建设的领导者，而市场则是发展的驱动力。虽然市场经常自
我调节，但仍存在可能出现偏差的风险，这时需要政府进行
适时调控。政府引入市场机制时，应为智慧城市的持续增长
创造稳定和有利的外部环境。政府作为智慧城市建设的守护
者，负责如安全、市场和环境等方面的监管，确保城市发展
项目与民众的实际需求相匹配，从而使其真正利益于大众。

政府在智慧城市建设的初期扮演了重要角色，但是随着智慧城市的不断发展和完善，政府的职能应逐渐转变，更多地释放市场的活力，逐步减少对市场的直接干预。例如，在智能物流、智能旅游、智能电子商务等领域，市场主体应该基于国家的整体规划自主发展，政府则更多地扮演监管角色。坚持市场的主导地位，处理好政府与市场之间的关系，对于智慧城市的繁荣至关重要。

此外，还要推广智慧城市的应用。一方面，简化智能项目的使用程序。智慧城市的许多建设项目都是公共服务平台，其用户信息使用能力参差不齐，在进行工程设计时，必须考虑到操作的简便性。另一方面，引导公民和企业认可和采纳建设成果。政府部门可以通过智能成果展示、媒体宣传等方式，吸引其参与使用并提出改进建议，使政府、企业和市民融为一体，消除部门壁垒和信息孤岛。

三、加强智慧城市保障措施

（一）资金保障

重组的资金支持为智慧城市建设奠定了基础。明确地说，智慧城市的落地实现有赖于雄厚的财务支撑。智慧城市的发展既要依赖政府的财政注入和建设资金，又需要最大化地利用国家和地方的财政支持，以确保其建设进程得到快速推进，为其打下坚实的物质根基。考虑到智慧城市涉及的任务繁多，工程浩大，资金需求也相对较高，纯粹依赖政府的财政资助无疑会给国库带来不小的压力。为了缓解这一压力并确保智慧城市得到充分的资金支持，激活社会资本、拓展多样的融资路径以实现资金来源的多元化成为当务之急。如通过市场的力量吸引智慧城市建设资金，并鼓励民间资本投入，利用多种手段来吸引更多的社会资本，这也意味着市场在资源配置中起到了至关重要的作用。

智慧城市的建设需要创新市场投融资模式。根据建设的具体需求，有效地整合各类社会资金，并做好风险管理是关键。对于那些潜在的融资对象，进行深入的风险信用评估并根据其风险等级进行资本配置是至关重要的。对所有获取到的社会资金，都应该进行精细化的管理。比如，可以考虑设立专门负责资金管理的中心，确保资金的进出都在有效的控制之下。当条件成熟时，可以进一步考虑成立专门的智慧城市建设基金运营机构，负责管理所有建设资金，确保资金的持续增值，进而确保基金的市场价值得到最大化。

为确保智慧城市建设的顺利进行，需根据实际情境制定实用且周到的资金使用策略。每一个智慧城市项目都有其特定的需求和进展情况，对资金的使用应当进行明确的分类与指向。更多的资源应当分配给那些优先级较高的项目，如智慧城市的核心技术研发、关键人才的引进，以及信息基础设施的建设和社会公共服务的完善，而那些尽管重要但不急迫的任务，考虑到整体资源的有限性，可以酌情安排在稍后阶段进行。

（二）人力保障

智慧城市建设如同一项庞大的工程，自然需要得到骨干的人力资源来为其提供坚强的支持。考虑到这样的建设中所涉及的多种角色，高层领导、决策专家和城市规划师就显得尤为关键。他们需要具备对战略的远见卓识，还要能对各种形势做出判断，确保智慧城市建设始终沿着正确的道路前进，对可能出现的风险和信息安全问题持续保持警觉。目前在智慧城市建设中，已有众多技术精英和研发专家在其中发挥着领导性的作用，他们手中掌握着智慧城市建设中的关键技术，而这些技术正是在攻坚克难的过程中得以实现的。在智慧城市的日常运营中，还需要一大批专业的管理和维护人员，他们是智慧城市长期稳定运行的关键，负责管理各种信息基础设施，维护各种管理系统，确保城市居民能够真正从中受益。

为了确保人才的充足和高质量，应加强人才的引进和培养，如通过提供有吸引力的待遇，可以引入更多的顶级人才，加速人才队伍的建设，拓宽国际化的视野，并重点吸引那些站在信息技术前沿的创新和创业人才。为了确保这些人才能够长期为城市服务，还需要完善人才的服务体系，帮助他们解决可能的生活难题，如户口迁移、家庭安置和子女教育等，确保他们能够全心投入智慧城市建设。为了确保持续的人才供应，需要设计出合理的人才培养体系，增加对年轻科技人才的培养，建立起科学的人才储备机制，强调各个培养环节的连贯性，同时不忘培养多才多艺的复合型人才。要建设智慧城市人才储备库，整合和培养各类人才，进一步提高人才素质。走产学研合作的发展道路，加强与高校的合作，注重与相关科研院所的沟通，充分发挥其各项科研优势，通过进一步的合作与沟通，借助智慧城市建设平台，将智慧城市建设的相关研究成果付诸实践，实现优势互补和资源共享，为智慧城市建设提供智力保护屏障。

四、加强宣传，提升民众接受度

为确保公众对智慧城市建设的理解和参与，必须将智慧城市的总体愿景、深远意义、发展策略、远景目标及具体实施步骤广为传播，如可以借助门户网站、政务社交媒体等现代渠道，让更多人了解到智慧城市的相关信息。公众的了解和参与是智慧城市建设的强大动力，当人们认识到智慧城市带来的便利，并积极地将其融入日常生活，整体社会对于科技的接受度和应用能力都会得到提升。广泛的宣传可以提高公众对智慧城市的认知，激发他们的参与热情，为智慧城市建设创造一个良好的社会环境。

智慧城市建设中的最新动态、研究成果、技术进展和产品革新都应得到适时的展现，可以通过各种形式，如展会、新闻发布活动等，更直观地将智慧城市的研究成果和成功应用呈现给公众。此外，也应鼓励相关研究机构之间的合作与交流，互相借鉴经验、分享智慧。

应积极开展以智慧城市建设为主题的国内外合作交流活

动，为国内智慧城市建设带来宝贵的经验。以中国特有的城市发展现状为背景，可以选取如佛山、鄂尔多斯和大连等具有代表性的城市，进行智慧城市的试点建设。加强与这些城市在智慧城市建设方面的交流与合作，可以更好地掌握智慧城市发展的趋势和机遇。同时，积极参与国家智慧城市试点申请，努力争取国家层面的政策和资金支持，可以为智慧城市建设创造更有利的条件。

五、改善自然资源的利用

在众多影响智慧城市发展的因素中，环境领域与其他部分的不同步是制约部分城市实现更高智慧城市发展水平的显著障碍。进一步推动环境管理向智能化发展、优化城市环境水平，将对完善智慧城市的功能、提升其全面发展能力产生积极影响。在智慧城市的构想中，新能源的采纳与利用、落后能源的替代、清洁的生产模式以及资源的循环利用均为核心内容。智慧城市为减轻环境污染、增强环境污染控制提供了新的策略。例如，现代信息技术助力于构建环境监测、污染源跟踪以及生态保护的综合信息系统，利用环境监测数据，可以全方位、多维度地把握当前的环境状况，而现代技术则有助于将这些庞大而分散的数据以直观、有序的方式呈现，为环境保护部门提供更为精准的管理工具。数据的统计与分析成果为环境保护的策略制定提供了坚实的依据，并且为应对突发的环境事件提供了数据支持和预测手段，确保环境保护行政机构能够实现高效、智能的管理。

当前，城市在环境监测方面仍需不断加强与完善。在城市环境监测领域，有必要加强对智能环境监测平台的建设，确保各类环境数据能够得到完善和整合。对已有的环境监测数据，应进一步扩大其应用范围，提升数据在决策中的作用，确保环境管理和智慧城市建设能够协同发展。

参考文献

[1] 曲岩.智慧城市建设中的社会风险管理研究 [M].成都：西南交通大学出版社，2016.

[2] 高璇.智慧城市建设研究 [M].北京：社会科学文献出版社，2019.

[3] 李林.智慧城市建设思路与规划 [M].南京：东南大学出版社，2012.

[4] 顾泉.智慧城市建设、信息化冲击与企业创新 [J].科学决策，2022（11）：126-140.

[5] 范明月，于皖豫，席瑞，等.智慧城市运营管控关键技术展望 [J].计算机系统应用，2022，31（11）：91-99.

[6] 范丹，赵昕.智慧城市、要素流动与城市高质量发展 [J].工业技术经济，2022，41（11）：103-112.

[7] 孟伟，穆晓雷，杨珺，等.智慧城市建设运营面临的数字安全问题及对策研究 [J].信息系统工程，2022（10）：83-87.

[8] 王俊.智慧城市发展路径与对策研究 [J].辽宁师专学报（社

会科学版），2022（5）：5-7，15.

[9] 郭昊，商容轩，米加宁．智慧城市：理论缘起、进展与未来方向：基于文献挖掘的发现 [J]．电子政务，2022（11）：63-73.

[10] 卞文涛，李玮华．对新型智慧城市建设"热"的理性思考 [J]．城乡建设，2022（19）：48-51.

[11] 孙锦锦，王得中，王颂，等．智慧城市建设社会风险防范策略研究 [J]．新型工业化，2022，12（9）：165-168.

[12] 康雅丽，王卓．智慧城市与大数据在城市规划中的应用探究 [J]．中国集体经济，2022（25）：8-10.

[13] 田力．基于智慧城市建设的养老服务与产业发展研究 [J]．环渤海经济瞭望，2021（8）：10-12.

[14] 张卫东．智慧城市建设背景下居家养老体系架构及重点环节解析 [J]．上海城市管理，2021，30（2）：80-86.

[15] 张龙吉．智慧交通导向下城市交通拥堵治理研究 [J]．物流科技，2023，46（16）：100-102.

[16] 王晶，欧阳炜昊，薛海．基于云计算技术的智慧医疗系统应用研究 [J]．湖南大众传媒职业技术学院学报，2023，23（1）：43-46.

[17] 郭俊杰．基于移动社交网络的智慧城市应急救援问题的研究 [D]．北京：北京建筑大学，2023.

[18] 许扬平．智慧城市建设对低碳发展的影响研究 [D]．杭州：浙江科技学院，2022.

[19] 王轶．智慧城市云平台数据共享及网络架构研究 [D]．南京：南京邮电大学，2022.

[20] 赵昕．智慧城市助推城市高质量发展：机制与检验 [D]．大连：

东北财经大学，2022.

[21] 董经轩.智慧城市运营管理模式创新研究 [D].贵阳：贵州财经大学，2019.